[第16版]

绽放
最好的自己
如何活成你想要的样子

—— BE YOUR BEST ——

[美] 琳达·亚当斯
[美] 埃莉诺·伦茨 / 著
郑正文 / 译

北京理工大学出版社
BEIJING INSTITUTE OF TECHNOLOGY PRESS

版权专有　侵权必究

图书在版编目(CIP)数据

绽放最好的自己：如何活成你想要的样子 / (美) 琳达·亚当斯, (美) 埃莉诺·伦茨著；郑正文译. —北京：北京理工大学出版社, 2018.1 (2020.10重印)

书名原文：Be Your Best

ISBN 978-7-5682-4929-4

Ⅰ.①绽… Ⅱ.①琳…②埃…③郑… Ⅲ.①成功心理–通俗读物 Ⅳ.① B848.4-49

中国版本图书馆 CIP 数据核字（2017）第 254333 号

北京市版权局著作权合同登记号图字：01-2017-7052
English-language edition copyright © 1989 by Gordon Training International.
All rights reserved, including the right to reproduce this book, or parts thereof, in any form, except for the inclusion of brief quotations in a review.

出版发行	/ 北京理工大学出版社有限责任公司
社　　址	/ 北京市海淀区中关村南大街 5 号
邮　　编	/ 100081
电　　话	/（010）68914775（总编室）
	（010）82562903（教材售后服务热线）
	（010）68948351（其他图书服务热线）
网　　址	/ http://www.bitpress.com.cn
经　　销	/ 全国各地新华书店
印　　刷	/ 三河市华骏印务包装有限公司
开　　本	/ 880 毫米 × 1230 毫米　1/32
印　　张	/ 9.75	责任编辑 / 秦庆瑞
字　　数	/ 178 千字	文案编辑 / 秦庆瑞
版　　次	/ 2018 年 1 月第 1 版　2020 年 10 月第 4 次印刷	责任校对 / 周瑞红
定　　价	/ 38.00 元	责任印制 / 施胜娟

图书出现印装质量问题，请拨打售后服务热线，本社负责调换

推荐序

2017年4月的一天,加州的阳光一如既往的灿烂,我和好朋友李洁一起在洛杉矶和琳达女士共进午餐(顺带提一句,李洁是托马斯·戈登博士《领导效能训练》一书的译者,她也将成为第一位可以在国内授课的中英双语的L.E.T.领导效能训练课程的讲师)。因为事业上的合作,我跟琳达一直有邮件的往来,也曾看到过她的照片,但见到她本人的第一眼,我还是被惊艳到了。

她有着一头淡淡的金色短发,穿着深蓝色的连衣裙,让人眼前一亮的宝蓝色腰带,与之呼应的是同色的耳环、手和脚的指甲油。她身材苗条,妆容精致,举手投足间有种历经岁月洗礼才有的从容淡定。当她看到我送的真丝围巾上有她最喜欢的宝蓝色时,像个孩子般灿烂地笑了!当她听我讲述戈登沟通模式如何改变了我,听到动情处,她的眼眶红了,落泪了;她拉着我的手,就好像我们已经是多年的老朋友。

当我目送她开着一辆造型时尚的小汽车远去，我心想：真希望在我70多岁时，能活出她这般的真实、优雅和生命力！

琳达女士已故的丈夫是托马斯·戈登博士。戈登先生是人本主义心理学家，他于1962年创立的P.E.T.父母效能训练是全球首个为父母们度身定制的沟通课程，迄今已经有超过700万父母参与学习，并由此改善和提升了家庭关系。曾经的世界首富比尔·盖茨，他的父母也曾参加过P.E.T.，并从中受益良多。P.E.T.父母效能训练的核心理念被称为戈登沟通模式，系出同门的课程还有教师效能训练、领导效能训练、青少年效能训练和女性效能训练等。如今创立55年的戈登沟通模式的训练效果已经被广泛地证实，这套沟通方法超越了语言、种族、信仰等的不同，适用于各类人际关系。因为在沟通领域的杰出贡献，戈登博士曾连续三次获得诺贝尔和平奖的提名，由此可以看出人们已经意识到也许沟通才能带来真正的和平。正如戈登博士所说：这是实现世界和平所需的技能。民主的家庭也是和平的家庭，当有了足够多的和平的家庭，我们将会拥有一个反对暴力和战争的社会。

琳达女士在年轻时，就参与了戈登沟通模式的推广，到今年，她已经为此工作了50年！现在她是戈登培训国际公司的总裁，和她的女儿Michelle一起继续在全球范围内传播戈登沟通模式。在美国，琳达开设的E.T.W.女性效能训练工作坊，不仅受到女性的欢迎，还得到男士们的认可，这本书涵盖了工作坊的内容，让大家可以系统完整地学习关于自我的新理念、关于沟通的新方法。

与戈登博士《P.E.T.父母效能训练》有所不同的是，本书开篇就给出了两条清晰的脉络，一是如何掌控自己的生活，二是如何为满足自己的需求负责！说实话，看到这两条脉络我就觉得很振奋。在生活中，我们一再遭遇挫败，一再被告知掌控自己的生活几乎是不可能的！在生活中，我们也很少提及需求，我们会为自己的需求感到不好意思，甚至羞愧。又或者，这两条脉络说的是一回事儿，当我们能恰当合理地满足了自己的需求，也就是在轻松自在地掌控自己的生活了。

这可能做到吗？如果你愿意怀着好奇心跟着琳达探索下去，你会发现，这不仅是可能的，而且是可行的。书中按照关系中会出现的几种情境，举出各种真实案例，一步步往前推进，给出了一些简单易行的方法，以实现有效能的沟通。

到底怎样才算有效能的沟通呢？

我举个最简单的例子，我三岁的儿子元宝，把垃圾留在了我的车上。换作以前，我可能会责怪他不懂事不听话，或者命令他不可以这么做。但用戈登沟通模式的话，我这样说："冰激凌盒子啥的没拿走，车子脏了呢，妈妈看着不舒服呀！"元宝立刻把垃圾拿走了，嘴里还说着："我把这些带走了，妈妈的车干净了，妈妈开心了！"我说："对呀，我好开心，谢谢元宝的配合。"

当我去描述事实，表达感受和影响的时候，孩子更愿意合作。这其实就是本书中讲到的面质性我信息。

结合戈登博士的论述，我把有效能的沟通总结如下：

一是一方或双方产生有益的改变。上面的小例子里，元宝改变了他的行为，我不再为此困扰。

二是不伤害任何一方的自尊，不破坏彼此的关系。如果我责怪他不懂事，命令他该怎么做，也许他听从了，但即便幼小如他，也会觉得难过；而我们的关系长此以往，也会受影响。

三是促进彼此的成长。在这个小例子里，我学习的是放手，孩子的事情孩子负责，哪怕他只有三岁；我学习的是信任，相信孩子有能力来解决这个问题。我学习的是为自己的需求负责，哪怕是举手之劳，也可以请求孩子的帮忙。孩子的成长是为自己的行为负责，学会自理和自律，更重要的是，他会有较高的自我价值感。

四是长远持续的正面影响。在短期之内，我们可能看不出这样的沟通与其他方式的巨大区别。但假以时日，则会有不同的发现。戈登博士这样说：这些用 P.E.T. 方式养育的孩子不仅会成为更加健康、快乐的成年人，而且他们自己还会成为民主的父母，将非暴力的良性循环带入下一世代。

从2010年首次接触到P.E.T.，到今天，我对戈登沟通模式的理解一步步更加深入。以本书为例，其中讲授的沟通技巧，可以作为学习沟通的实践手册；但不止于此。书中有对他人的无条件积极关注，有对关系的真诚和投入；蕴含了我所欣赏的相处美学，是一本关系的实修宝典。同时，本书中有对自己感受和状态的觉察，有基于满足需求的共赢方法，是一本自我成长和自我修炼的行动指南。

修炼自己到底会发生什么呢？

以我的经验，就是生命有了转化的能力。将矛盾与冲突转化为理解和支持，化干戈为玉帛。将困顿贫瘠的关系转化为轻盈丰盛的关系，转逆境为喜悦。由此生命终于得以绽放，从痛苦与紧缩蜕变为自在和舒展。

以我为例，在践行戈登沟通模式多年后，我的生活发生了翻天覆地的变化。在养育理念上，我从信奉传统的"棍棒底下出孝子"转变为倡导"没有奖励，无须惩罚"的无条件养育。在亲密关系上，我从骨灰级资深怨妇，转变为一个有幸福感的女人。在事业上，我放弃某世界五百强外企安稳的工作、优渥的薪酬，变成了一名专职的P.E.T.讲师，更成为戈登沟通模式的传播者。这些转变，用我先生的话来说，是脱胎换骨。

读到这里，聪慧如你也许已经了然，这本书，不仅是用来读的，更是用来行动用来修炼的。

  我相信，因为你的修炼和转变，你的生命得以绽放，你将活成你最想要的样子；因为你的绽放，世界终将成为我们梦想中的美好模样。正如圣雄甘地所说：让梦想中的世界，透过我们的转变而得以实现。

  因为深得其益，我心心念念要把戈登沟通模式的系列书籍引进国内，本书是其中的一本。非常感谢北京理工大学出版社的秦庆瑞老师，认同我的理念，认可我的推荐，使得本书有缘与大家相见！同时感谢本书的译者郑正文，她既是心理咨询师，也是 P.E.T. 的讲师，她的文字干净利落，她的翻译精准传神，使得本书的精神得以精彩呈现。

微微辣

P.E.T. 中国区督导
2017 年 10 月 9 日

序言

　　我们的效能训练系列课程已经开展了四分之一个世纪（始于1962年），通过26种语言向超过百万人授课。本书所介绍的概念、方法和技巧，都已在效能训练系列课程中获得检验和不断完善。

　　不同的效能训练课程是专门针对特定人群设计的。这一切开始于1962年，那时我们推出的是P.E.T.父母效能训练。之后开始了其他的效能训练课程：针对教师的、企业主管的、青少年的、神职人员的、女性的、学校管理人员的、销售人员的、客服人员的……

　　许多参加过该课程的学员告诉我，我们可以把其中任何一门效能训练课程称为"人的效能训练"。他们发现，所有的效能训练课程共有一套体系化的技巧，可以应用到任何一种人际关系中。事实上，在许多欧洲国家，讲师们宣传效能训练课程提供的是"戈登模式"。

"戈登模式"可以普遍应用于所有人际关系的看法，激励了我们机构去开发一门通识课程。琳达·亚当斯设计了这门新课程，让任何一个想要提升和完善自己人际关系的人都可以参加，涉及的人际关系可以是家庭中的、职场里的、在学习小组或宗教组织里的。

本书包含了30个小时的效能课程里传授的所有内容。它介绍给读者们的沟通模式在全世界得到了成功运用，无论运用于家庭，还是运用于美国的大型公司，无论是公立学校还是私立学校，或是医院、政府机构。到目前为止，P.E.T.父母效能训练课程已被60多个不同类型的研究证明确实有效，而本书介绍的训练方式与P.E.T.的沟通模式属于同一体系。

读者们通过本书，将会发现新的、更有效能的方式，去掌控自己的生活，在满足自身需求的同时也不剥夺他人的需求，避免与他人发生许多误解，更好地帮助他人，从而增强亲密关系。

最后，读者们将会学到如何运用没有输家的六个步骤，去处理人际关系冲突。当人们把这种方法运用在人际关系当中，我相信不仅他们个人会享受到意想不到的好处，还会为实现世界和平做出小小的贡献。只有人们在生活中学习用和平的方式处理冲突，国家之间的和平才有希望实现。

美国国家和平学会前执行理事Milton Mapes Jr.曾说过："当

来自社会行为科学的知识和智慧，汇聚成一个全新的非暴力（和平的）冲突处理领域时……就有了新的希望。"

在我看来，这本书增加了这样的希望。

托马斯·戈登

| 戈登国际培训公司创始人 |

作者的话

本书是从我们过去十一年的课程经验中逐渐发展成形的。就在十一年前,我们开始推出一门由我专为女性设计的课程,叫 E.T.W. 女性效能训练。在此期间,美国本土以及我们的"海外军事基地"如澳大利亚、日本、智利、加拿大、爱尔兰、瑞士、法国、比利时、荷兰、瑞典、芬兰,超过三万名女性以及一些男性参加了这门课程。

我很高兴收到一些参加过该课程的女性来信,信中她们提到自己的体验,提到她们如何把相关的哲学理念和技巧运用在自己的生活中。许多人表示,参加 E.T.W. 课程对自己来说,有着非常重要的意义。对其中一些人来说,这是她们第一次和其他女性一起参加专门为女性设计的课程。另一些人说,她们觉察到自己过去完全投入满足他人的需求中,而这门课程带给她们许多勇气,开始考虑要满足一些自己的需求。有些人说参加课程后,她们发生了一些细微的变化,另一些人说她们身上发生的变化激动人心,甚至翻天覆地。

大多数人都提到，她们越来越自我敞开和自信坚定，丈夫、孩子、朋友或同事对此给予了积极反馈。然而，有些人的经历是相反的，她们发现周围一些人并不喜欢她们的变化。

许多人提到，这个过程并不容易，她们需要更多的练习和体验，她们对讲师的示范和教导表示感激，对家人朋友以及一起上课的其他同伴的支持表示感激。

在这段时间内，一直有 E.T.W. 讲师和一些学员写信或打来电话说"男性也需要这门课"。例如，E.T.W. 讲师 LaVerne McWilliams 结束她在 1979 年的第一次课程教学之后，给我打电话说"我最近和 25 名女学员刚完成一期课程。结果，她们的丈夫打电话给我，说他们也想参加，要求我教他们。"之后有 16 位丈夫和两位十几岁的孩子参加了课程。我们意识到，男性也需要我们的课程，但或许是出于和女性不同的原因，男性从小被教导行为举止要有规矩，正是这点限制并束缚了他们。

在 1987 年，我设计了我们称之为个人及职业发展效能训练的课程。我们的效能训练讲师面向不同团体授课，有的团体里有男性也有女性，有的全是男士，有的是牙医和医务人员，以及其他各种不同类型的团体（同期，我们也仍然提供 E.T.W. 课程）。

澳大利亚有位参加过 E.T.W. 课程的男士告诉我，他很享受阅读 E.T.W. 的书，但是他会把书的封皮取掉，这样他的室友就看不到他在读什么书。我想是时候修订这本书了，这样才不会赶跑男士们。这本书就是这么来的。

中文版序

最初我为女性写了这本书,告诉她们如何为自己的生活负责,如何发挥她们的潜能。

我已故的丈夫托马斯·戈登博士创建了 P.E.T. 父母效能训练课程,教父母们亲子沟通技巧和冲突解决技巧,和孩子建立并维持令人满意的亲子关系。我看到女性需要关注她们自己的个人需求,从母亲、妻子、女儿、员工的角色中分离出来,因此设计了 E.T.W. 女性效能训练的课程。

许多 P.E.T. 讲师发现,学过 P.E.T. 课程的女性为 E.T.W. 这门全新的课程感到兴奋,热情洋溢地参与学习。尽管 E.T.W. 的课程提供了和 P.E.T. 相同的"戈登模式"技巧,但是强调的重点相当不同——E.T.W. 更关注于帮助女性学习如何实现她们自己的个人需求,为自己的生活负责,激发她们的潜能。

之后,我开始收到来自男性的来信,他们也想学习能够应用于他们个人生活中的"戈登模式"。这促使我写了《绽放最好的自己》这本书。

　　本书基于这样的信念：每个人都有权利满足他们的需求，有权利朝着这个目标自由地思考和行动，同时也尊重他人的需求和权利。本书的一部分核心内容是：首先要觉察自己的需求，然后采取行动去实现自己的需求。本书也教人们如何建立和维持互惠互利的人际关系，让彼此的需求都能得到满足并成为关系中的常态。同时，本书还介绍了在不使用权力的情况下如何解决冲突的技巧。

　　当越来越多的人能按这样的方式去生活，我们确信在我们的生活中、我们的关系中、我们的制度里会发生一些根本性的变化。

　　我希望本书能帮助你成为你能够成为的人。

琳达·亚当斯女士

戈登国际培训公司总裁及 CEO
2017 年 7 月

目录

第一章　成为一个更有效能的人 / 001

第二章　掌控你自己的生活 / 013

第三章　如何有效地自我敞开 / 029

第四章　学会说不 / 057

第五章　如何避免部分冲突 / 073

第六章　谁拥有问题 / 089

第七章　当你拥有问题 / 105

第八章　应对焦虑 / 123

第九章　冲突：谁输？谁赢？ / 143

第十章　没有输家地解决冲突 / 163

contents

第十一章　　解决价值观冲突 / 189

第十二章　　调整环境 / 215

第十三章　　帮助身处困扰中的他人 / 231

第十四章　　制订个人效能计划 / 261

附 录 1　　人际关系信条 / 274

附 录 2　　基础性放松练习 / 276

致 谢 / 279

各章引文出处 / 281

参考文献 / 283

推荐读物 / 284

第一章
CHAPTER 1

成为一个更有效能的人

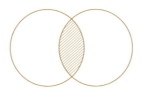

第一篇

第一章
成为一个更有效能的人

> 若不为自己而活,谁将为我而活?我若仅为自己而活,又将何去何从?若非今昔——更待何兮!
>
> ——犹太法典《塔木德》(Babylonian Talmud)

假如你是一位生活在 20 世纪初的女性,无论是回溯历史还是放眼未来,你都很难将自己视为一个独立自主的个体。你的生活也许和你妈妈或你外婆的生活如出一辙,你也将早已预见到你女儿的生活会遵循和你类似的模式。当时女性可选择的机会有限,必然使她们的生命轨迹睹始知终。无论她们在能力、兴趣或抱负上有何不同,大多数女性都会沿着一条可以预见的路径发展,从烂漫孩童走向垂暮之年。

间或也会出现零星的杰出女性——例如玛格丽特·米勒或居里夫人——她们奋力拼搏,朝着被当时认为是背离妇道的方向发展。但对绝大部分女性来说,遵循和过去一样的生活方式——被自己和他人的关系所定义、所羁绊。至今,我们中的许多人仍然这样活着。

如果你主要在自己与他人关系的框架下来看待自己,你将很难形成坚定的自我认同感,或认真思考(并让自己发展成为)你

绽放最好的自己
—— 如何活成你想要的样子

想要成为的人。

对于男性来说，虽然社会环境不同，但同样非常严苛和僵化。女性被教导要和蔼可亲、乐于助人、被动顺从，具有照顾他人以及具有自我牺牲精神。男性则被灌输男性气概就意味着隐藏自己的感受，能锐意进取、好胜要强，最重要的是能担当起维持家庭生计的大任。回顾过去十年，我们会发现，男性也生活在种种桎梏当中。他们经常无法自由地表达自己的想法和感受，尤其不能流露出恐惧，因为他们不想被看成弱者。然而，事实清楚地表明，许多男性的生活并不快乐或充实——或者说并不健康。与女性相比，男性更早离世，产生更多自杀行为，更容易酗酒和吸毒。许多男性与配偶和孩子之间的亲密关系出现问题，还有许多人感到被自己不喜欢的工作困住，但又觉得自己必须继续工作下去。

如今，由于社会变迁，我们开始知道如何挣脱枷锁获得自由——对女性而言，要摆脱受他人摆布的生活，不再依赖别人，不再忍受在政治上和社会上被当成二等公民，不再限制自己的理想和志向。

男性也开始知道他们要从哪里获得自由——不再背负谋生和功成名就的压力，不再需要不断证明和确立自己的男性阳刚之气，不再隐藏他们的感受和恐惧。

一位男士曾这样描述他的体会：

成为一个更有效能的人

除了休假和短暂的离职期,这四十五年来,我日复一日工作养家糊口,从一开始两口之家,到生儿育女,到儿女成人离家,再到剩下老两口。为家庭做贡献,过上富足的生活,对我来说很重要并且让我很满足。但是有些时候,我曾非常渴望依靠——希望有人能支持我一小会儿——让我能够自由地放下重担,去娱乐、去从事其他活动,让我从永无休止没完没了的赚钱责任中解放出来。

现在,一种全新的自由向我们敞开,这种自由让我们可以塑造自己的生活,让我们成为自己想要成为的人。现在,机遇在我们手中。这让人兴奋,也让人恐惧。当我们必须在众多可能当中做出选择,并且为自己的决定负责时,总会存在一定的风险,这让我们感到恐惧。然而正是这种选择和掌控的过程,让我们与自己保持联结,找到属于自己的自我认同感。于是,我们就这样开始为自己的生活负责,并努力实现自己重要的人生目标。

本书旨在提供一种人生哲学和一套人际交往技巧,帮助人们在实现自己人生目标的同时,也能拥有和谐愉快的人际关系。通过书中循序渐进的指导,你的收获是:

你可以掌控自己的生活。

你可以满足自己的需求，同时尊重他人的需求。

你可以通过自我敞开，预防一些问题和冲突。

当他人的行为影响你满足自身需求时，你可以有效又不伤害对方地进行面质。

你可以处理由于自己更加开放和直接而产生的焦虑感。

你可以在不伤害彼此关系的前提下解决冲突。

你可以有效地处理价值观冲突。

你可以有效地倾听他人的困扰。

你能设定目标，并为达成目标制订计划。

掌控你的生活，为自己的需求负责是关键的第一步——尤其对女性来说更重要，因为女性往往把大多数时间和能量花在满足他人需求上。

第二章将介绍如何掌控自己生活的一些方法——例如通过更好地觉察自己的需求和渴望，通过发挥你的自由去认真思考、选择并付诸行动，从而帮助你满足自己的需求。

明确你的需求、渴望、价值观和人生目标之后，你才能够向实现它们的方向迈进。这是掌控自己生活中的重要一部分，也常常是相当艰难的一个转变过程。对男性来说并不容易，因为他们的身份认同已经和从事什么工作、赚多少钱（或少

第一章
成为一个更有效能的人

赚了多少钱)捆绑在一起。他们把自己看成养家糊口的主力,事实上他们也一直扮演着这个角色,因此他们很难想象选择一份赚得没以前多但自己真正喜欢的工作,和妻子商量让她帮忙分担部分家庭经济压力。对女性来说也不是件容易的事,因为她们的身份认同深深扎根于贤妻良母的角色。同世人所期待的那样,她们认为自己应该要满足他人的需求,对自己的需求却不太确定或感到困惑迷茫。如果让她把自己的需求和家人的需求分开,她甚至可能会感到愧疚。当女性开始尝试更加自主,尝试掌控自己的生活,她们通常的反应是"这样做是不是太以自我为中心了,不像女人的做派"。

效能训练课程教授的一种技巧是自我敞开(或称为"主张"),它能增强一个人的自我掌控感和责任感。自我敞开意味着清晰、坦诚、真实地表达自己,同时对他人保持尊重。

掌控自己的生活不是指把自己孤立起来,也不是在自我和他人之间制造距离。我们所有人或多或少都要依赖和他人的关系而生活,人际关系也是满足自己需求的源泉,从中我们能获得爱、陪伴、乐趣、性的满足、相互支持等。

在之后的章节里,你将了解到开放、坦诚、直接地表达你的观点、信念和个人价值观,将给你的人际关系带来种种益处。我们将阐释你可以怎么做,且无须贬低别人。

探索自己的需求和渴望,带来的另一个重要结果是:你将明白你的时间有多少用于满足他人需求,或者花在了去做你并不想做的事情上。尽管生活中互相帮助值得提倡，但有时我们为别人做的事情远远超过为自己做的事情。如果你常常发现，当别人求你做一些你并不想去做的事，你很难说不，你可以运用"回应性我信息"，这是一种沟通技巧，能让别人明白你很难接受他们的要求。

为了避免在生活中与他人发生一些不愉快的或不必要的冲突，我们提倡使用"预防性我信息"表达你将来的需求，尤其当你的需求或渴望会影响他人时。我们还强调，当他人对你所说的话产生反感时，很重要的是要从自我敞开切换到倾听的姿态，这是运用每一种"我信息"时都要注意的部分。

在你与他人的所有人际关系中——与孩子、配偶、朋友、父母、同事、领导——对方在满足自己需求的过程中，有时不可避免地会干扰到你自己的一些合理需求。比如，你的配偶喜欢飙车，把你吓得半死；你的妈妈常常批评贬低你；你的同事晚了一周才把你需要的报告给你；你的老板总是到临下班时才把工作任务交给你，你不得不加班，错过回家的公交车。

遇到这些情况，你该怎么做？把一肚子的消极感受留给自己，并心怀怨恨？告诉对方他们的所作所为是多么欠考虑、不懂体贴他人？这两种做法都不够有效。其实，有另一种选择。你可以通过一种谨慎的不会破坏关系的方式，主动去面质他人的不可接纳行为。在第七章将详细解释说明这种方法。这种方法被称为"面质性我信息"，是一种强有力的自我敞开方式。

自我敞开常常会带来很多焦虑：我有权利捍卫自己的需求吗？别人会做出什么反应？他们会不喜欢我吗？他们会有所抵触吗？他们会觉得我很自私吗？紧接着的章节将介绍，如何处理与真诚自我敞开相关的焦虑感。

和他人一起生活和工作，冲突不可避免。对方想要一个东西，你想要另一个东西，这就产生意愿上的冲突了。谁会成为赢家？如果你以牺牲对方利益为代价而获胜，他／她会感到怨恨恼怒。如果你输了对方赢了，你会感到怨恨恼怒。无论哪种情况，你们的关系都要受到伤害。第十章会介绍解决人际冲突的"双赢法"，通过六个步骤，找到双方都能接受的解决方案——没有输家或赢家。结果是，没有怨恨，没有权力斗争，并且双方都有很强的动力去执行解决方案。

有关价值观冲突的章节，能帮助你辨识和理解价值观冲突究竟有多重要。你将学习到如何解决价值观相关问题，以及一些影响他人改变价值观的有效方法。

第十三章讨论的角度发生变化，之前章节介绍的都是你在处理自己拥有的问题所用到的技巧——比如，你主动面质他人，或是邀请他人参与到解决冲突中来，或者扮演顾问角色影响他人价值观。在人际关系中，你会遇到身边的他人陷入麻烦、受伤、受挫、心烦、沮丧的情况，这些困扰完全和你无关，是他人在自己的生活中遇到了问题。为了维持彼此良好的关系，每个人都必须学会倾听，

绽放最好的自己
—— 如何活成你想要的样子

愿意作为一名倾诉对象或咨询师，去帮助他人找到针对自己困扰的解决方法。但是常常我们不是去听，而是把我们的建议或解决方案强加他人；我们用提问、评价或安慰，干扰了沟通的流动。

我们将会介绍一些方法，帮你更有效地去帮助别人。只要你自己的状态允许，也愿意花时间和精力帮助身处困扰之中的他人，你会发现经过实践练习，这些技巧真的很管用。

最后，在第十四章，我们会提供一些观点和方法，帮助你制订详细计划，来实现你的目标。如果你对目标进行分门别类，并学会用清晰的计划去帮助实现目标，你的计划和目标将更容易见效。我们提供了一个系统性的方法，这样你可以区分短期目标和长期目标，还提供了达成目标的六步法。

让你的生活和人际关系更有效能，显然不是一朝一夕能达成的。没有人能够真正达到终点——变成一位完全有效能的人。完善解决个人问题和设计人生目标的能力，是一个永无止境的过程，建立并维持令人愉悦、彼此获益的人际关系，也同样是永无止境的过程。

一位学员在课程结束时，描述了她的体会：

这门课程让我更加能够觉察到自己，觉察到在日常生活中我应对各种情境的方式。我更加清楚我的需求，以及向他人表达我的想法和感受对我来说是多么的重要。反过来，我也对自己感觉更好，更加满意。我想，通过这门课程我已经发生了很大变化，但是要发展出与他人联结的新模式、新的思维模式还不太容易，我明白这需要花时间去改变。掌握新技能需要练习和实践运用。我还有漫漫长路要走，但是这门课已经给了我人生启迪，让我学到更好地理解自己的技巧。

另一位学员这样叙述他的体会：

我开了一家小型印刷公司。我经常和形形色色的人打交道，自认为我的沟通技巧相当好。参加了效能训练课程后，我才意识到以前的自己是个糟糕的倾听者，而且不能真正有效地处理问题。现在，甚至我的太太和孩子们都注意到我身上发生的变化。我觉得我找到了一个更加完整的自我！

第二章
CHAPTER 2

掌控你自己的生活

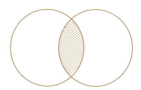

第二篇

掌控你自己的生活

> 认识自己是人生首要责任。
>
> ——拉·封丹《寓言》

本书的一个基本概念是掌控自己的生活。尽管"掌控"这个词有很多消极的内涵,常常让人想到一个人控制另一个人的行为,然而我们是从一个完全不同的角度来定义"掌控"。在本书的语境下,"掌控"意味着你可以成为满足自己需求的积极主体,你可以自主地做出决定,可以为了达到你的目标而付诸行动,尤其当目标的实现并不需要依靠合作或他人帮助时。

掌控生活有"自由区间"

显然,你不会也无法完全掌控你的全部生活。个人的自由只是你生活的一部分,就此你拥有单方独立做决定的自由,不必依靠他人合作和参与。你拥有思考、选择的自由,并为实现你的个人需求而采取行动。你的自由区间可能包括下列情况:

1. 改变你对某些事情的信念；

2. 学习一种新技能；

3. 将更多时间用于放松和娱乐；

4. 决定是否读书，读什么书，读多少；决定是否听音乐，听什么音乐，听多少；

5. 找一份更好的工作；

6. 参加一个特定的宗教团体或政党；

7. 选择你想要哪种健身方式；

8. 决定你想要咨询哪位医生（或其他专家）。

而在其他许多情况下，不仅你或多或少要依靠别人的协助，别人也会受到你所做出决定的影响。因此，通常你没有那么多自由完全独立地做出决定。在这些情况下，你在思考、选择和执行方案时，或许会牵扯到他人。这些情况可能是：

1. 辞职；

2. 改变家庭度假计划；

3. 重新布置和同事共用的办公室；

4. 在家里开派对；

5. 将家庭储蓄用于投资房地产；

6. 打算搬家到另一个城市；

7. 涨薪；

8. 领养孩子。

以上两大类情况的根本差异在于你拥有的自由区间不同。显然，上面列出来的具体情况将因人而异，因人际关系不同而变化。在每一种人际关系中，例如和你的配偶、你的孩子、你的父母、你的朋友、你的老板，你可能有不同的自由区间。你可能在夫妻关系中有很大的自由区间，和老板的关系中自由区间相对小多了，或者也可能相反。如果你自己一个人住，显然比和其他人住在一起的自由区间要大很多。

有些决定也许理论上属于前一种范畴，但是许多人会把它们放到后一类中来处理——比如，加入一个政党，或找个更好的工作。人们经常不太愿意采取容易引起纷争的立场，担心会引发冲突，或者经常犹豫是否应该把更多时间用于别人而不是花在自己身上，从而让他们在做决定时举棋不定，给自己制造了很多限制。

虽然我们认识到，有许多现实的局限让我们无法完全掌控自己的生活，但是我们中的许多人仍然可以承担起更多责任，去实现自己的需求。

我们想反驳的是许多人呈现的一种态度，他们觉得自己无法掌控命运。无论男性还是女性，都体验过这种感受，只是在方式上有所不同。男性经常感到缺乏命运掌控感，因为他们从小到大被灌输的观念是必须拥有一份稳定的好工作，别无选择，还因为男性接受的教育是不要表达自己的感受，因此他们常常把自己的焦虑和恐惧隐藏起来，甚至和自己隔离开来。大多数女性则以另一种方式体验缺乏命运掌控感。一般来说，女性被教导要依靠他人——父母、丈夫，甚至孩子，不要为自己的需求负责。世俗教化让女性相信，当她们去满足他人需求——比如孩子、配偶、老板、父母的需求，就能获得最大的幸福和成就。这种角色定位使得女性更多去呼应他人的需求，而不是主动为自己的需求负责。

难怪许多人感到对自己的生活没有掌控感。

越来越多的人认识到，只是呼应他人需求，对于满足我们的个人成就感是不够的，也认识到我们的工作是单调乏味的，于是开始为自己负责。本书的主旨之一就是为重视承担个人责任提供更坚实的基础，提供一些技巧帮助人们满足自己的一些重要需求。

掌控自己生活的益处

为自己的需求承担更多责任是需要勇气的，因为许多人知道让别人为我们的需求负责或替我们做决定是安全保险的，但我们不知道当我们为自己的生活负责能带来什么益处。

除了显而易见的好处——能让你的更多需求获得满足之外，你

第一章
掌控你自己的生活

还能获得许多其他显著的好处，比如：

当你获得勇气和自信为自己而行动，你的自我价值感得到了提升，并且随着每次在新的场景下实践，自我价值感会与日俱增。

你会更加信任自己的感觉，不那么在乎他人必须认可你。

你将较少依赖从别人那里获得自我价值感，因为你将更多地从自己的成就中获得，将更少依赖别人对你的正面评价。

愤怒、焦虑和抑郁的体验会减少，因为你能更加真实自然地表达自己的感受。

随着你的重要需求更多地得到满足，你的敌意和怨恨也会减少。

你的人际关系会变得更好——更加有效能，更加让人感到满意。当你体验到自己是一个负责、积极、主动的人时，你的生活也将变得更加美好。

许多参加过课程的学员在他们的总结报告中，描述了掌控自己生活的益处。

现在，我可以选择我想要做什么，这些选择完全取决于我。在过去一段相当长的时间里，我让别人左右我的生活，请别人为我做决定，现在我不用这么做了。我还有相当长一段路要走，但是我第一次在生命中感到隧道的尽头会有光。

参加课程之前我感觉自己像块擦鞋布。现在，有了学习到的技巧，我不再有这种感觉了。现在我了解到，我的想法以及坚持自己是非常重要的。我有权利表达我的需求，我的需求值得被尊重。我也明白了，尽管别人有他们的需求且同样值得尊重，我不会只是退让一边，听之任之。因为有一种方法让双方都有"赢"的感觉。我真的对自己的感觉更好了。我学会了真正地喜欢自己，因为现在我不用再埋怨自己"为什么我不说出来呢？我原本是有机会说的"。我要把我所学的这些技巧用于我的余生。

如果生活可以重新来过，我会以这门课程以及P.E.T.（父母效能训练）作为生活的起点。多年来，我一直在寻找能为我及身边人带来变化的课程。原先，我的生活一团糟，完全失控。这门课程教会我一些以不变应万变的技巧，让我能从容地掌控自己的人生。

这门课程帮助我看清了自己原来的生活方式，即让境遇过多地掌控了自己，而不是自己主宰命运。现在我知道自己完全可以并且能够掌控自己的生活，我必须时时刻刻、分分秒秒为自己负责。它教会了我许多方法去掌控生活，有一些对我来说是全新的，有一些是熟悉的方法，但更加清晰明了。

下决心去承担个人责任，常常需要态度上的转变。这也许会是一个令人兴奋、充满挑战的过程，也可能让人心存恐惧。你要意识到，只有你自己终将为你的行为和决定负责——你必须依靠你自己，去了解并达成自己的许多重要需求。

或许让人心头亮起来的一个方法是，牢记你向来是拥有掌控权的。只不过在此之前你选择了采用某种方式去实践，而现在你将做一些不同的选择。

谁在掌控你的生活？

为了评估你对自身生活若干重要方面的掌控程度，请思考以下问题——在这些方面，你究竟能掌控多少（不是你希望能掌控多少）。

你的身体

身体对你来说重要吗？

你对自己的身体，能掌控多少？

能掌控身体外形吗？

能掌控自己的饮食吗？

能掌控身体如何运行吗？

能掌控做多少健身运动吗？

能掌控选择什么医生吗?

能掌控得到多少休息吗?

你想为自己的身体承担更多的责任吗?

如果愿意,你打算怎么做?

你的金钱

金钱(和它所能带来的一切)对你来说重要吗?

在你生活中,你对金钱能掌控多少?

能掌控是否要赚钱吗?

能掌控赚多少钱吗?

能掌控花多少钱吗?

如果你想拥有对金钱及如何使用的掌控权,你会怎么做?

你的工作

工作对你来说重要吗?

你对所从事的工作(包括在家里的工作和上班的工作)能掌控多少?

能掌控你做什么工作类型吗?

第二章
掌控你自己的生活

能掌控你工作多少以及强度多大吗?

能掌控你在哪里工作吗?

针对你的工作以及工作在你生活中的地位,你如何承担更多责任?

你的时间

你的时间对你来说真的宝贵吗?

你在时间支配上有多大的掌控权?

能掌控你拥有的"自由时间"吗?

能掌控与谁共度时间吗?

能掌控你独处的时间吗?

能掌控享受性爱的时间吗?

你支配时间的方式让自己感到满意吗?

如何为你支配时间的方式承担更多责任?

你的生活

生活对你来说真的重要吗?

你有多大的掌控权,可以从生活中获得你真正想要的东西?

绽放最好的自己
—— 如何活成你想要的样子

能掌控你现在的生活方式吗？

能掌控和谁一起生活吗？

能掌控未来的目标和计划吗？

能掌控你在哪里生活吗？

如何对你自己的生活有更多掌控感？

如果在以上某些方面，你觉得掌控感比自己想得到的少，不妨问问自己：是什么阻碍你获得更多的掌控。你能改变吗？如果不能，为什么？如果可以，怎么做？

获得更多掌控，需要对自身需求和意愿的觉察

为自己的生活承担更多责任的第一步，是觉察自己的需求和渴望。了解自身的需求和渴望似乎很简单，但是实际上未必如此，尤其对女性来说，她们从小被教导要考虑别人的需求，要关心照顾他人，要对孩子、家庭和上司无私地付出。当女性长期处于要满足他人需求的位置上，她很难甚至不可能去主动地考虑自身需求。正如她们所说的：

我一直努力让我的丈夫和孩子们开心。我从不为自己考虑太多。

第一章
掌控你自己的生活

我从小被灌输在自己身上花时间、做我想做的事情是自私的行为——如果当我这么做时,我会感到愧疚。

男性同样常常缺少对自己重要需求和渴望的觉察。因为他们受到的教育是,男人必须一辈子兢兢业业工作养家糊口,以致许多男性奋力追求职业晋升或赚更多钱,而不会花时间思考他们想要过什么生活,他们觉得别无选择。我们会听到男人们吐露这样的心声:

我一直觉得我要负责养家糊口。我爷爷这么过的,我爸爸也是这么过的,这是天经地义的。

很小的时候我就觉得,我得找一份自己擅长的工作。因为我想结婚成家,工作是唯一途径。

对许多人来说,重要的第一步是要意识到每个人都有权利去实现自己的重要需求。第二步是能够觉察自己的重要需求是什么。这两步通常需要层层剥离社会强加的需求和期待。这充满挑战并令人获益匪浅,是一个人变得更有效能的关键起步。

在我们的课程里,学员从审视他们生活的具体方面开始:如何支配时间,看重什么,喜欢和不喜欢什么,愿意做什么改变。

当你更加清楚自己如何分配每天的时间,以及你对此的感受,就能从中发现你有哪些当前的需求已被满足，哪些需求没有被满足。我们建议你记录几天的日志，准确标注你如何支配一天的所有时间。比如：

上午　7:00 起床，洗澡，穿衣，整理床铺

　　　7:30 泡咖啡，喂狗遛狗，做早餐

　　　7:45 吃早餐，读报纸

　　　8:15 洗餐具，打电话，把晚餐食物从冰箱取出退冻

　　　8:30 送女儿上学，寄信，汽车加油，赴 9:00 的会议

这个练习能帮助你洞悉究竟自己如何支配时间，帮助你认识到自己可能有某些需求没去认真思考或一直没去做。这是你能做出改变的第一步，你因此能够实现更多自己的重要需求。

思考自身需求和自己想做的改变，这一过程需要耗费的时间和精力因人而异，取决于之前你做过多少类似的自我探索，以及你现在想探索得多深入。你可能会想到一些只涉及生活中轻微改变的需求，或者会想到会影响到你与他人人际关系的一些重要需求。

你的需求的种类和层次，以及你想要做出改变的类型和程度，都属于个人选择。我们并不鼓吹你应该或不应该有某种特定的需求或渴望。我们提倡的是过程，通过这个过程你可以更有效地达

第二章
掌控你自己的生活

成自己的个人需求。这些需求可以是多种多样的：情绪的、心理的、物质的、身体的、娱乐的。它们可以包括类似以下的需求或渴望：

拥有更多自由时间；

结婚；

获得大学学位；

找份更好的工作；

离婚；

学一门新手艺；

参加更多体育运动；

更经常地陪伴孩子；

获得一份谋生的工作；

获得一份有成就感的工作；

不生孩子；

加入一个有趣的团体；

怀孕；

旅行；

结交更多朋友；

改善与父母的关系。

无论你的个人需求是什么，这只是充满希望的漫漫征程中的第一步。当你对自己实现个人需求的能力有了自信，对自己有了自信，对你与他人的人际关系也有了自信，你将更加勇于投入新的挑战、面对新的状况和新的问题，你将继续分析、评估并权衡你的需求。

例如，在你生命里某一个时间点上，你也许有强烈的需求要获得大学学位；在另一个时间点，你可能想要孩子，花很多时间和孩子在一起；在此外一个时间点，你可能有强烈的需求要实现一些事业目标。而且，作为女性一个越来越普遍的现象是，你可能会发现有必要外出工作赚钱。那么，你可以着手找工作，为你未来想要从事的工作做准备。

当你对自己想要达成的需求有了一些想法后，下一步就是学习如何有效地把改变带到生活中的方法，尤其是当这些改变会影响到他人时。正如之前说过的，达成个人需求并带来改变的基本方法之一是自我敞开。

第三章
CHAPTER 3

如何有效地自我敞开

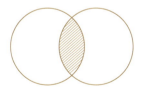

第三章

南韓過渡政府

第二章
如何有效地自我敞开

> 率性随心让我们成为自我。当我们面对现实,探索现实,并做出相应行动,摆脱传统的条条框框时,将拥有率性随心的个人自由时刻。这是一个发现的时刻,一个体验的时刻,创造性表达的时刻。
>
> ——维尔拉·斯波琳(Viola Spolin)

我们需要勇气和能力将内心的感受和想法用语言的方式表达出来,让别人理解我们,也让自己了解自己,这是一种强而有力、令人兴奋的沟通方式。效能训练课程和本书大部分内容的基础是强调自我敞开,以及自我敞开对帮助你更好地满足自己的重要需求有着重要作用。在讨论自我敞开的益处和所存在的风险之前,让我们先来讨论通常我们怎样和别人沟通自己的重要需求。

如果不是存心故意欺骗他人,我们是否习惯开诚布公地与人沟通交流呢?实际上,我们大多数人很少能清晰而真诚地和别人进行沟通。我们更容易按我们的角色去沟通,而不是呈现我们真实的自我。在生活的方方面面,我们被要求要隐藏真实的自我,包括我们的想法、感受和观点。从我们很小的时候开始,这样的教诲充斥在我们耳边:在他人面前呈现自己有不同方式,有的方式合乎礼节，有的方式超越常规，我们要让自己适应那些合乎礼节的方式。我们在自己和他人之间日积月累但又真真切切地竖起了一堵防御的墙，展现在他人面前的自己和真实的自己之间渐行渐远。

由于我们适应了那些所谓合乎礼节的行为，我们所采取的沟通风格大致可分为两类：含糊隐忍的和咄咄逼人的。只有少数人极端地含糊隐忍或极端地咄咄逼人，大多数人在这两种方式中摆荡。有一些人倾向于含糊隐忍，直到有太多需求没有得到满足而变得非常不满，而后就变得咄咄逼人。有一些人表现得咄咄逼人，直到自己感到愧疚不已，转而变得含糊隐忍。这两种方式都有一些优点，但是也都有严重的不足，接下来的描述会更加清晰易见。

"含糊隐忍"的意思是？

含糊隐忍的行为方式意味着，没有向别人表达你的感受、想法、需求、渴望、观点，即没办法采取自主行动，来满足你自己的重要需求。

含糊隐忍的人有意识地努力避免冲突，哪怕他们要为此受罪也心甘情愿。他们更倾向于响应，而不是主动行动；他们花很多时间和能量在响应别人说什么和做什么，而不是主动沟通、自主行动。他们经常让自己的需求屈从于他人的需求。因此，他们经

如何有效地自我敞开

常会被他人所利用，例如，做决策拍板的事是轮不到他们的，他们的付出容易被忽略，只有干活的份儿。

畏惧是导致许多含糊隐忍行为的主要影响因素：

害怕在冲突中败下阵来，想要有面子；

害怕别人不赞成或反对，不惜一切代价追求被喜欢和被接纳的感觉；

害怕被拒绝或被忽略，害怕别人不在乎你的想法和需求；

害怕丢掉工作或失去晋升机会；

害怕伤害或拒绝别人。

许多含糊隐忍的人被内心的焦虑所压垮，以致他们连自己最基本的感受、需求和观点都没办法表达出来。有时他们说出了自己的想法或需求，也是经常用一种极为谦让的方式来表达，因此被别人漠视或忽略。含糊隐忍的人为此经常感到愤怒、挫败和怨恨，过后会花很多时间和精力希望自己的所言或所行能够让别人注意到。

你怎么判断自己的行为方式是含糊隐忍的呢？如果你的重要需求没有得到满足，没有感到心情愉悦，没有实现你的目标，那么可能要归咎于你含糊隐忍的行为方式了。最可靠的判断指标是，在和别人进行交流互动之后，你的内心总是感到紧张、不满、怨恨或是愤怒。

下面是一些例子：

你很想参与制定今年的家庭财务预算，而以前你从来没有做过。你没有向配偶提过你的需求。当你看到她或他在做预算时，你开始感到焦虑不安。

去年你很努力地工作，并且实施了几项新举措帮助部门运作得更加有效。虽然你很想获得加薪（你觉得是自己应得的），你并没有向老板提出来。你一直希望老板能主动提出来。但是老板并没有这么做——你发现自己充满受挫感，失去了工作的动力。

这些含糊隐忍的行为方式在身处从属位置的人们当中很常见，他们很少被鼓励要掌控自己以及为自己负责。这也是许多女性具有的特点，她们经常因为顺从、有礼貌和善于合作而获得嘉奖。

"咄咄逼人"的意思是？

咄咄逼人的行为方式意味着，让自己的需求得到满足，但以牺牲他人的需求作为代价，无视他人的感受、想法和需求或直接与之对抗。与含糊隐忍的人不同，咄咄逼人的人直截了当地表达自己的感受、观点和需求，但是用的是羞辱、藐视和伤害他人的

第二章
如何有效地自我敞开

方式。在极端的情况下,人际关系受到损害或摧毁,因此咄咄逼人的人会发现,在需要他人合作的情况下,他们自己的需求很难达成。另外一种咄咄逼人的行为,不明显或不容易看出来,但在生活中很常见,称为"被动型咄咄逼人",也就是通过操控他人、欺骗他人、破坏他人从而使自己的需求得到满足,他们常常固执己见或是暗地里反对他人。

判断自己是否属于咄咄逼人的人,其内在感受指标是愧疚或尴尬。更重要的是看别人是否给你负面的回应——可能老躲着你,对你表示生气和不满,孤立你,或者强烈地反击你。

如果你想参与制定家庭财务预算,你可能告诉你的配偶:

我要求在预算方面有发言权——我讨厌自己被忽略!

如果你想加薪,你会这样跟老板说:

如果不给我加薪,我就要跳槽!

"自信坚定"的意思是？

自信坚定的行为方式意味着，了解自己内心的需求和渴望，并清楚地把这一切告诉对方，以自主的方式来满足自己的需求，同时尊重对方。

首先，自信坚定需要真诚地自我敞开。自信坚定的人真诚直接地进行沟通，会通过表达感受、需求和观点来捍卫自己的权利，但是不会损害他人的权利和需求。他们真实可靠、内外一致、开放而直接。他们会为自己的利益而努力，为自己的需求负责。必要时，他们会寻求外界信息，请求别人提供帮助。

和别人发生冲突时，他们很愿意为找到双赢的解决方案而努力。自信坚定的人常常需要并想要与他人合作来实现自己的需求，所以当别人有需要的时候，他们乐于合作和提供帮助。

当你发现自己的焦虑减少了，满意、自尊和自信的感觉增加了，并且你的许多重要需求得到满足时，你就知道自己的行为是自信坚定的。不仅如此，别人也会经常给你更积极的回应，你的一些人际关系变得更加令人满意。

自信坚定的人可能会这样跟配偶说：

如何有效地自我敞开

我很想参与制定今年的家庭财务预算,我有一些计划。

也会这样跟老板说:

我很想和您讨论一下涨薪的事情——我觉得今年我为我们部门做了不少贡献。

有效自我敞开带来的益处

向别人表达自己的最重要好处是,你能不断地和自己内心保持紧密联结,不断了解自己的需求、意见和想法。和别人交流一个想法,和只在心里默默地想,是完全不同的过程。"只有大声说出来,才有可能改变它"。你可能有过这样的经历,在头脑里反复地琢磨一个问题,结果这个问题变得越来越大,并且似乎变得更糟了。你想象种种结果,推测别人的反应。后来,当你真的把问题讲给别人听的时候,事情却以完全不同的方式结尾。

通过自我敞开的体验,你会更加充分地了解自己。然后,你会根据自己的感受采取更有针对性的行动,通过这个过程你创造出更多机会,以全新的、激动人心的方式来发展自己。这将成为一个令人兴奋的成长和转变的循环。

经常性地自我敞开，能让你活在当下。当你能够时刻保持与自己内心的联结，你也就能够及时满足自己当前的需求。

如果不能主动地去进行这种沟通，会导致你活在过去或者活在未来，内心充满挣扎，不知该如何去处理烦人的想法、感受和需求。

此外，自我敞开使你在必要时能得到别人的帮助和配合，让自己的重要需求得以满足。当别人了解你的需求和渴望后，才更加能够、也更加愿意帮助你实现。我们常犯的错误是，假设别人很了解我们，应该知道我们的感受和需求，所以我们没必要告诉他们。在亲密关系中，如果没有把自己的需求告诉对方，时间一长会带来负面影响：

我用不着告诉他我有什么感受——如果他真的在乎我，他就应该知道。

我们已经在一起生活了25年，她应该知道这对我有多重要，但她从来没有为我做出改变。现在一切都已经太晚了，我已经完全不在乎了。

如果愿意把自己的需求和渴望告诉别人，会带来很多积极的影响，正如这些参加过课程的学员们所说的：

第二章
如何有效地自我敞开

我的丈夫现在更在乎我的需求,也更加愿意帮助我达成我的需求了。他也变得更能够去评估他自己的需求——比如,他发现有些事情自己很想去做,却迟迟未动。

我向儿子表达了见不到他我很难过,之后,他开始来看我了。

现在我对着一帮员工发言时,觉得更加自信了。而且我也更加能够让他们的注意力集中到主题上。

自从老板了解到我在对外联络办公室所承受的巨大压力,他开始认真地把要让我做的事情分出轻重缓急,并且还提前一点做计划,这样我就无须应付太多紧急突发的事务了。

最近我给当地报纸写了封信,称赞并感谢我女儿二年级的任课老师,我真心觉得这位老师值得感激。报纸不仅刊登了这封信,编辑还夸我的写作能力非常出色。其实我只不过写了四段表白性我信息,来描述我的感受。

我的男朋友现在更欣赏我了,因为我不再总是附和他,而是能够说出自己的感受。

自我敞开还会让你成为一个更加有趣的人。人们为自己精心设计各种面具和伪装,远不及真实的自我来得生动有趣。当我们无法展示自己独特的需求、态度和观点,我们是在否认自己的个性。我们的预见将变得乏味和肤浅。我们的思想和体验中最精彩的部分也将被滤掉。

自我敞开另一个至关重要的好处是，能增强你的自尊。当你有勇气去敞开自己，以真诚面对他人，尤其是涉及那些对你来说很重要的事情，你对自己的感觉会好得无以言表。你的自尊和自信的感觉还会与日俱增，因为每次有了成功经验后，自我敞开会变得越来越容易。就像这些学员在课程总结里谈到的那样：

这是我生命中的一个转折点。这些技巧给了我一种个人力量感。我不再成为满足他人需求的牺牲品。

似乎大家和我的相处更加融洽了，因为我变得更加愿意敞开心扉，告诉他们我的感受。做到自信坚定不太容易，往往要么是消极被动，要么是被动型咄咄逼人。不过现在我很清楚自己的感受，也越来越喜欢自己了，和别人相处也越来越容易了。

现在我和丈夫说话时，不再顾忌说出自己的感受了。他先听我说，然后我们共同讨论。

现在我觉得自己是一个真实的人。

我更喜欢自己了。

我对执行计划更加自信了。

很多例子能够表明，自我敞开是互利互惠的。因为你愿意向别人吐露心声，别人也会更愿意对你敞开心扉，你们之间的关系加深了，情谊也变得更加丰富。很多误会也将在此过程中被澄清，

第二章
如何有效地自我敞开

避免了很多不必要的麻烦，减少挫败和怨恨。一旦你和不太熟悉的朋友通过自我敞开发现共同的兴趣爱好，你们彼此的朋友圈和社交活动也会扩大。当别人变得更愿意自我敞开，更能与他们的内心保持紧密联结，他们也会开始为自己的生活负责，为自己的重要需求负责。参加过课程的学员们描述了自我敞开所带来的影响：

当我表达出自己的需求，那些以前对我熟视无睹的人，现在开始重视我了。

我和周围亲近的人的关系得到了很大改善，因为我能表达自己的感受了，这鼓励他们在与我的交往中也表达出他们的感受。

我儿子和我现在又能推心置腹地交谈了。我们经历过生活的重创，以前总是避免谈论我们的感受。现在我们终于重新开始。

我丈夫现在变得更愿意表达他的感受，而不是把感受隐藏起来。

自我敞开可以使关系免受伤害。众所周知，内外不一致的沟通经常会导致关系的崩塌，是造成许多婚姻解体的主要因素之一。

一位成功的女性作家，曾经谈起她的亲身经历。她经历了一次堕胎，尽管丈夫当时说支持她的决定，但实际上丈夫并没有表达出内心的真实感受。直到最终有一天，丈夫告诉她，他一直都想再要一个孩子。后来他们的婚姻走到了尽头。"我们之间的确还存在其他问题，"她说，"但是那次堕胎以及我丈夫没能告诉我他内心的真实感受,加速了我们婚姻的破裂。"

无论男性还是女性都表示,更加自我敞开能使人受益匪浅:

我丈夫和我的关系改善了很多很多。

我觉得自己拥有了更多真诚的友谊,特别是和以前一些闹过别扭的人,现在也都化干戈为玉帛了。

我不再坐以待毙,让婚姻的困扰煎熬自己。我表达出来,不憋在心里。

自我敞开的风险

自我敞开会让不同意见和矛盾冲突浮现出来。以前你会通过避而不谈的方式,避免产生不同意见。针对某件事情,一旦你有勇气说出自己的想法和感受,你不会有那么多迟疑和顾忌。别人可能会不赞同,甚至拒绝你。他们可能和你争执,产生摩擦。尽管自我敞开能让不同意见和矛盾开诚布公,产生积极影响,但是在有些情况下,也会让人际关系受到伤害,比如下面这些例子:

这段时间我和别人的冲突变多了。许多人指望我能伺候他们,可我没有这么做。所以我能明显感到周围人的困惑。我已经下决

第二章
如何有效地自我敞开

心要开始全新的生活了。我有这样一个信念，就是我的需求和价值观也有权利被尊重、被看见。

我觉得，我的改变已经引起别人的一些变化。不过我发现他们还是想尽力让我变回原来的样子，这让我很难去坚持自己新的生活方式。

我丈夫坦陈，我曾说过的一些话、做过的一些事伤害了他。这样的直言不讳让我在当下很难过，不过通过这种方式我更加了解他了。

我太太似乎很难适应我新的改变。

自我敞开存在这样一个风险，你的一些人际关系可能发生变化，甚至走到尽头。尤其是以前说话小心谨慎的你，现在愿意鼓起勇气来表达自己，可能会遇到一些意想不到的、措手不及的情况。

通常，如果在人际关系中原先大多充斥着虚伪的互动，那么自我敞开将是人际关系的真相时刻。当其中的一方终于有勇气表达出自己的真实感受，过去所有的虚伪都将被彻底粉碎，虚伪的关系也将无法存活下去。

我一直把克里斯当作最亲近的朋友，但是最近我们进行了几次真诚深入的交谈后，才发现我们根本就没什么共同点。

我和丈夫从来没谈过我们之间存在的问题。在他终于下决心离开时,他告诉我所有对我不满的事情——对我来说已经太迟了,我没法做什么。

显然,你首先得信任对方,才会愿意和他们分享你真实的感受和需求。那些可能会嘲笑、讽刺、鄙视、四处兜售你心事的人,你是不太会向他们敞开心扉的。但是一旦你信任某个人,你也会信任这个人对彼此关系的承诺。随着你们彼此信任的增强,你们的关系也将变得更亲密。

自我敞开的技巧:我信息

在我们的课程中,自我敞开通过"我信息"的形式进行。"我信息"是描述你自己的陈述句,用来表达你自己的情感和体验。它是真实、坦诚和内外一致的。"我信息"表达的只是你的内在现实,不包含对他人的评价、判断或解读。

既然你是在说自己真实的感受,你的言语和非言语表达(身体语言)是和谐一致的。你的话听起来充满自信,内外一致。你避免了他人的误会。在很多情况下,会让别人更加尊重你,乐于接纳你,并愿意与你合作。他们会认为你有责任心、独立、足智多谋,能够把握自己的生活。

我们将讲解四种不同类型的"我信息":

表白性我信息

应答性我信息

预防性我信息

面质性我信息

每一种"我信息"都有其特定的作用,我们把它们按相关风险和难易程度进行排序。本章将要介绍的是最基础的、风险最小的一种——表白性"我信息"。

表白性我信息

表白性我信息是向别人表达自己的信念、想法、好恶、感受、反应、兴趣、态度和意图等。这可以让别人了解到你体验到什么,你感受到什么。表白性我信息描述的是你的内在现实。

表白性我信息可以让他人更好地了解你,更深入地理解你,从而能够更加坦诚地与你发展彼此的人际关系。表白性我信息还邀请并鼓励别人分享他们的体验,因此你会获得更有意义的人际关系。

绽放最好的自己
—— 如何活成你想要的样子

每天,你和周围关系密切的人在一起时,你可能会以这样的方式来分享自己的感受:

今天我真是太激动了。

刚才我有点悲伤。

我真的不喜欢充满暴力的电影。

我喜欢今天员工会议的开会方式。

我很喜欢打乒乓球。

我好累。

我不喜欢在电话里聊天。

我很重视和家人相处的时间。

我喜欢讨论争议性话题。

我觉得今天下午太忙了。

我爱你。

我讨厌坐飞机。

我很感激你来帮忙。

表白性我信息表达的都是你自己的感觉和观点,与他人无关,所以一般不会引起别人的防御和抵触。不过,如果遇到别人有抵触情绪的情况,你也要有所准备,知道如何建设性地应对。

对"我信息"的抵触

人们对"我信息"的通常反应是接受、同意、理解,甚至是兴奋(特别是当别人习惯了你的自信坚定之后),但有些时候,人们会感到沮丧,或者想要防御。如果人们觉得受到威胁,这种情况更有可能发生。我们在前面提到的,表白性我信息通常风险最低,最不容易引发对方的抵触或让对方觉得受到威胁。那些难度比较大、风险较高的我信息(应答性、预防性和面质性我信息),会较频繁地引起别人的抵触。

产生防御或抵触意味着,别人对你表达的我信息感到不舒服。当一个人感到被威胁时,这是自然而然、不可避免的反应。有时候你表达的"我信息"会令人惊愕、震惊,或是措手不及。"我信息"可能会让别人感到愤怒、紧张、恐惧、受伤,这让他们以防御或抵触的方式做出反应(至少刚开始是这样)。

怎么知道别人产生抵触情绪?

当你表达一条"我信息"后,别人常常会产生一些反应。下面是一些较为明显的言语和非言语线索,表明对方有所抵触:

言语方式	非言语方式
吼叫	开始沉默
争吵	露出难过/伤心的表情

（续表）

言语方式	非言语方式
讽刺	大哭
嘲笑	露出惊讶/震惊的表情
转换话题	大笑
拒绝谈论此事	眼睛看向别处
反对你的意见	离开房间
	噘嘴

下面是一些有代表性的对话：

你：我喜欢今天员工会议的开会方式。

同事：天啊——我不喜欢！整个过程里，我感到受挫和生气！

你：我喜欢和你讨论争议性话题。

配偶：呃，我可不喜欢——因为总是你有理！

你：我觉得女性应该有权利堕胎，如果她想的话。

朋友：简直不敢相信你居然说出这样的话！堕胎等于谋杀。

当我信息引起别人上述的反应时，说明他们需要先宣泄情绪，然后才能够或愿意听你想说的话。

第三章
如何有效地自我敞开

换挡——从表达到倾听，再到表达

用我信息的方式表达自己的需求和观点时，一旦遭到别人的抵触，这时如果你再继续阐述自己的看法，效果只能适得其反。在别人有所抵触的情况下，你仍阐述自己的需求或观点，通常会被认为咄咄逼人、迟钝固执。只会让别人更具防御性，更加强硬地反对你。因为他们从你那里听到的是："这是我想要的（或所想的），至于你有什么感受，我才不在乎呢。"

为了让别人更愿意听你表达我信息，你需要倾听并意识到对方不舒服的感受。对别人的感受和想法保持敏感性，才是自信坚定的沟通方式，否则便和咄咄逼人没有什么区别了。虽然你表达了一条清晰的"我信息"，但是如果没有考虑别人的消极感受，你等于是在说："无论怎样，你们都要听我的，我想达成我的需求！"

因此，一旦你开始觉察到别人有所抵触，就应该"换挡"。在表达了你的"我信息"之后，要开始转向倾听对方的感受了，从主动表达转换为倾听对方。现在你得对别人的感受保持敏感性。你得在乎并真正想要去理解对方的需求。对方会从你的态度中读到这样的信息："这是我的想法。不过我很愿意停下来，认真听听你的意见，因为我很在乎你，而且尊重你的感受。"

对别人的关注，哪怕是很短暂的，也会创造出安慰效果。因为它传达出了你对他/她的关注。这让他们知道，你并不想为了达成自己的需求而牺牲他们的利益。换挡并不意味着你得放弃自己的需求和信念。换挡意味着，处理别人的抵触情绪也是很重要的，是实现自我需求途中必不可少的一步，说明你真的很在乎他们，在乎他们的感受。

换挡到倾听通常可以有效帮助他人宣泄负面情绪。在一些情况下，你可能会发现需要来回切换好几次，从自我敞开切换成倾听，再从倾听切换成自我敞开。

愿意倾听的态度实际上会增进双方的相互理解，明白彼此的想法和意图。同时，它也为矛盾的解决铺平了道路。

对一些轻微的反对和抵触情绪，通过你呈现出来的乐于倾听、尊重他人的态度，通常都能得到有效的化解，于是当你再次阐述自己的观点时，就更有可能被对方接受。当然，接受并不等于赞同，而是表示愿意容忍一种不同观点或新局面的存在。

在从说到听的换挡过程中，你必须在关注自我与关注他人这两者之间保持一种平衡——这是有效沟通和建立互惠性人际关系的关键。

对抵触情绪进行积极倾听

积极倾听是指，将对方所说的如实反映给对方，让对方知道你在听他/她说话，并向他/她核实你的理解是否正确。

积极倾听重述了对方传达出来的所有内容，不仅包括字面意思，还要说出所伴随的感受。如果你换挡到积极倾听，就要让自己暂时地站在对方的立场，去体会他们的想法和感受，然后再和对方核实自己理解得是否正确。

积极倾听一般包括下列步骤：

1. 你接收到对方的"编码"信息，可能是言语的，也可能是非言语的。

2. 你对信息进行"解码"，体会对方所要传达的意思。

3. 你将自己对对方信息的理解反馈回去，实际等于在说："我是这样理解你的感受和体验的，我的理解对吗？"

4. 对方回应你的积极倾听，确认或纠正你的理解。

举个例子，你对自己的配偶说："我很喜欢和你讨论争议性问题。"

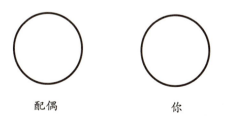

你的配偶将他/她的感受转化成一条言语信息（我们称为编码过程），可能会这样说：

然后,你试着去理解(编码)这条信息,体会他/她想要表达的意思。

随后,你将自己的理解反馈给对方,实际上等于在说:"我是这么理解你的感受的。我理解得对吗?"

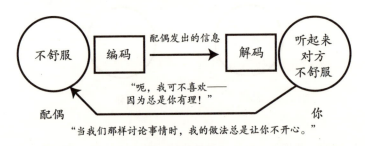

你的积极倾听行为

如何有效地自我敞开

接着，你就可以期待配偶对你的积极倾听做出回应，确认你对他/她的理解是正确："没错"或"你说对了"。

是否继续积极倾听对方，或者可以开始阐述自己的想法，取决于你的配偶的情绪状态是否强烈。保持对对方情绪状态的敏感度，能够帮助你做出恰当的判断。

把这一方法应用到另外一个场合，也是同样适用的。比如下面这段对话，你和朋友谈论他起草的社区联盟计划书：

你：我觉得你的报告写得很好，但是我不同意把出租公寓房也划归在社区里。这样就会改变整个社区的性质，损害私宅户主的利益。（我信息）

朋友：这是一个非常刻板的观点。你这么说让我非常惊讶。（抵触情绪）

你：我知道，你听了我这么说会不高兴。我很好奇你为什么要坚持这么做呢。（换挡到积极倾听）

朋友：我觉得出租公寓房里住的更多是单身人士和老年人，这些人加入社区对我们有好处，可以更多元化一些。

你：对你来说，和不同年龄、不同生活方式的人相处是很重要的。（积极倾听）

朋友：是的。一个很重要的原因是，我希望我的孩子能够接触到不同类型的人。

你：你觉得孩子们会因此受益。（积极倾听）

朋友：确实如此。我认为私宅户主可以和出租公寓居民和平共处，共同推动社区进步。

你：你认为可以让这两个生活在不同世界的人互利共赢。（积极倾听）

朋友：对，完全正确。

你：我明白你的意思。但是我真的很喜欢现在社区内平静祥和的氛围。我担心这会发生改变。（另一个我信息）

通过换挡，你们的谈话变得开放，能包容与这个话题相关的基本价值观差异。

让我们来看看另外一个例子，你和朋友在女性是否有堕胎权这个话题上陷入严重分歧。你可能急于重申自己的观点：

我确实是这么想的，真搞不懂你为什么会这么不高兴。

然而，你也可以换挡到积极倾听：

你：我说的话让你很不高兴吧？你一定一直坚信……

第二章 如何有效地自我敞开

朋友：的确如此！从小到大我接受的教育都告诉我，生命是神圣的，应该不惜一切代价去捍卫生命。

你：所以，堕胎与你的重要信念相冲突了。

朋友：对——而且我发现目前人们越来越不把堕胎当回事了。

你：你的意思是，很多女性草率地做出堕胎的决定，而没有考虑其他解决途径……

朋友：没错……我只是觉得肯定有比这更好的解决办法，而不是以结束一个小生命作为代价。

你再次换挡，开始重申自己的观点：

你：是的——我同意这一点。但是我觉得，堕胎总比生下一个不想要的孩子要好……

就这样，可能引起的激烈争执被逐渐化解开了，同时双方也没有压抑各自的感受。这为理性对话奠定了基础，在此之上可以继续讨论一些有争议的问题。

积极倾听有时会走偏，但尽管如此，它还是很有帮助的，因为它可以帮助对方重新思考自己要表达的想法或感受。就算积极倾听的回应不完全正确，对方也有机会通过传达其他信息给予纠正。如果积极倾听的回应是正确的，那么交流就可以继续进行了。

如果对方感觉到你有用心倾听他/她，那么当你重申自己的观点时，对方也会变得更愿意倾听你的观点和需求。

经过对抵触情绪的积极倾听，你常常会更加理解别人的想法，或者又发现了一些自己以前没有意识到的东西。新的信息可能会在某种程度上促使你调整先前的我信息。还有一种可能是，你们发现彼此的矛盾无法通过自我敞开和倾听的方式来解决（我们将在之后的章节里具体介绍如何处理这样的矛盾）。

对很多人来说，第一次尝试积极倾听，会感觉比较别扭、生硬和不自然。积极倾听和我们以前习惯的回应方式截然不同，所以掌握起来也比较困难。但是，当你对别人感受的态度变得接纳包容时，就能成功运用积极倾听，使用积极倾听也会更加自然。

总而言之，请记住，要想成功地让别人听你说（并进而实现你的需求），不仅要靠真诚清晰地表达自我，也要乐于和善于倾听别人，让别人有机会表达自己。

在这章里，我们介绍了积极倾听是减少对方抵触情绪的有效方式，从而有助于你达成自己的需求。第八章会呈现在另一种情况下使用积极倾听：当他人有困扰时，你如何成为一名有效的帮助者。

第四章
CHAPTER 4

学会说不

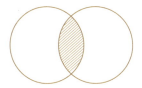

第四章
学会说不

> 真正的责任感只能源于发自内心的许诺。
>
> ——马丁·布伯（Martin Buber）

当你开始去探索自己的需求、渴望和价值观之后，开始对未来生活方向有了更清晰的认识，你会惊讶地发现，自己把很多时间和精力浪费在与自己的需求无关的活动上。很多人有过类似经历：

我的生活一直被周围的人和事左右着，我居然从来没有意识到我是有能力来改变这一切的。

我的时间和精力一直用在满足他人需求上。

每天结束之际，我的内心常常有一种不满意感，因为我并没有做自己真正想做的事情。

仔细分析一下自己每天的时间安排，你会发现到底有多少时间花在别人身上，花在了和自己毫不相干的事情上。对一些人来讲，这一时间比例高达百分之八十，更有甚者竟然能达到百分之百！

绽放最好的自己
—— 如何活成你想要的样子

为什么我们会任由自己的生命被这样消耗掉？面对别人的请求，为什么我们明明想说"不"，却偏偏说"是"呢？显然，说"是"是一件更容易轻松的事；而说"不"却很难，还常常会带来痛苦。让我们来看看，为什么说"不"如此困难？

通过人类的进化发展史可以发现，人一直在努力奋斗，不仅为了满足个人的需求，也为了满足种族和群体的需求。每个人都是一个独立的个体，都有着与众不同的内在生命；同时，每个人又是社会的一部分，组成了我们所生活的社会整体。显然，如果我们生活在社会系统中，享受着这个社会带给我们的种种便利，我们自然应该回报社会——但是该回报多少呢？当个人的需求和社会的需求发生冲突时，我们又应该如何解决呢？

随着我们开始对传统角色和服从的习惯进行挑战，这些问题变得迫在眉睫。几百年来，人们所扮演的角色很大程度上被预先规定好，很少有自己选择生活的空间。我们的个人需求总要屈从于群体的需求，比如服从家庭、教会和社区的利益。于是，我们习惯了无条件地答应这些社会组织的要求。我们满脑子装的都是对他人服务、为他人尽责的教条，却时常忘记自己要承担的责任和义务。

如今，我们有更多选择。如果我们想成为自我生活的主宰，愿意成为一个丰富立体、自信坚定的人，那么就需要认真考虑一下，为何自己在想说"不"的时候偏偏回答"是"。除非我们能搞清楚背后的深层动机，否则很可能还会继续这样下去，过着为别人而活的日子。

第四章 学会说不

为何我们说"是"

当别人要求你做一些你并不情愿去做的事情时,你的直觉强烈地驱使你说"不",然而这种直觉又常常伴随着强烈的焦虑。你会感到各种压力的存在,迫使你不得不去妥协,去向别人证明你是个和蔼可亲、乐于助人的人。说"不"会带来种种消极感受,这当中有许多消极感受是由我们从小受到的教育引起的。我们脑子里深深根植着这样的观念,所谓"好男孩"或"好女孩"常常和行为举止符合人们期待联系在一起。如果我们做出不符合人们期待的行为,便被贴上"自私"和"叛逆"的标签,被警告"没有人会喜欢你"。

现实的或者想象中的各种世俗压力,都会让我们意识到说"不"的代价太高了。下面罗列了一些导致我们在想说"不"的时候却说"是"的原因:

理由	例子
意料之外	"噢,好吧……我估计我能做。" "我还没考虑过明天会怎样,不过我想我应该能做。"
取悦别人,希望得到认可	"我想让她喜欢我。" "我想让他们感到开心。"

(续表)

理由	例子
担心伤害别人	"如果我拒绝的话,她会很伤心的。" "如果我不去的话,恐怕会伤害他的感情。"
担心惩罚或有损失	"他也许永远不会原谅我。" "他们可能再也不会邀请我了。"
内疚感	"我将如何面对自己?" "我觉得自己太自私了。"
尊重权威	"他们在这些事情上肯定比我有经验。" "我得去做这件事,毕竟她是我的老板。"
期待回报	"或许有一天我可能也会提出同样的请求。" "好心总有好报。"
屈从于世俗期待	"人就应该助人为乐。" "别人会怎么想呢?"
感同身受	"如果我处在她的位置会怎么样呢?" "我太熟悉这种感受了。"

（续表）

理由	例子
义务感	"这是我身为公民应尽的义务。" "我要为家庭负责。"
牺牲精神	"我可以忍受的。" "我迟早要面对。"
权力欲	"这让我有机会结识一些重要人物。" "如果我拒绝了,他们会认为我不胜任这项工作。"

遇到一些意料之外的状况,你一时拿不准主意,相比说"不",你更加容易说"是"。由于你没有丝毫准备或内心有不确定,你在说"是"的时候往往没有真正考虑过自己的需求。这常常让你感到懊悔和恼怒,甚至会对别人产生消极感受。看看下面这些很有代表性的请求:

今天下午你能帮我照看一下孩子吗?

今天晚上我们能顺路去拜访你一会儿吗?

我们这个周末外出,你能帮着喂一下我们的宠物狗吗?

我们能借你的相机度假时用用吗?

绽放最好的自己
—— 如何活成你想要的样子

别人向你提出要求,并不意味着你必须立即做出肯定的答复。与其不假思索地脱口而出说"是"或"不",更加周全稳妥的回答可能是:

我需要考虑一下,过一会儿我给你回电话。

我想和家里人商量商量,我会尽快告诉你结果。

这能给到你思考和做决定的时间,而不必迫于压力仓促允诺。无论最后接受也好,拒绝也罢,你都会清楚自己的决定是负责任的,从而对自己的决定感到愉悦,也不会对别人产生不好的感受。

一些导致我们面对请求说"是"的原因——比如,不想伤害别人、义务感、期待回报、感同身受——对于我们作为个体或作为社会一分子来说,有着积极的意义。但有些时候,也会将我们推到身不由己的境遇中,让我们失去主动性和控制感。当然,希望在别人心目中是关心他人、乐于助人的"好人",这是无可厚非、再正常不过的。如果你发自内心地关心别人,就会有强烈的冲动答应别人的请求,用你的方式帮助对方。不过请记住,你也有一份权利去照顾好自己的需求,为自己的生活做出选择和决定,给你的生命带来意义感和幸福感。因此,你最需要考虑的是,在独立和与他人相互依存之间找到一个平衡点。你可以问问自己这样的问题:

第四章 学会说不

为了满足我的需求,并实现我的目标,我该怎样安排我的生活呢?

我需要投入多少时间、精力和资源,才能满足我的需求,并达到我的目标呢?

我愿意为别人做些什么?

目前的生活中,我为别人做了些什么?

我愿意花费多少自己的时间、精力和资源在别人身上呢?

我想为别人做更多的事吗?

我们每个人都会得出不同的答案。你自己的答案也会随着不同的人生阶段有所变化。当孩子们逐渐长大,你或许会更愿意答应来自学校、PTA(家长教师联合会)、童子军或少年棒球联合会等组织的请求。而在其他人生阶段,你可能对支持文化和教育活动,或公民事业感兴趣。最重要的是,在任何的人生阶段,都要找到适合自己的平衡点,让生活的节奏与你当下特定的需求同步。

用应答性我信息说"不"

应答性我信息是用来拒绝自己无法接受的请求时的沟通技巧,它通过表达自己内心真实的感受,从而清楚地传递"不"。一条精彩的应答性我信息主要由两部分构成：（1）直接陈述内心的真实想法；（2）别人的请求给你带来什么影响。

1. 直陈心声

这一部分的"我信息"清楚地表达出你已经做出拒绝的决定。通常有以下几种表达方式：

"不，我不想这么做。"

"我已经决定不去了。"

"我选择放弃。"

这些表达方式有一个关键的共同点——清楚地传达了你是经过慎重思考才做出这样的决定的。

尽管每个人都有自己喜欢的说话方式和风格，但还是要尽量避免使用下列回答方式：

"我不行。"

"我做不到。"

"我现在太忙了。"

这些话听起来像是你没有能力去主宰自己的生活,也无法为自己的决定或行为负责。你的拒绝似乎并不是出于自己自主的决定,而是迫于各种外界压力。因此,让人听起来总觉得不可信,是在找借口,别人还会继续与你争辩。尽管你内心强烈地觉得别人的请求不可接受,但这样含含糊糊的回答却传递出有可能接受的余地。

应答性我信息则完全不同,"我选择放弃"毫无疑问地表明是你自己做出了这样的决定。而否认式地回答"我真的不行"会引起别人追问"为什么不能呢?"当你说"我现在太忙了",可能意味着你以后可以做。别人会进一步追问:"那我们再另约一个时间?"于是你将面临一个两难选择:是屈从于这个新的不可接受的请求呢,还是用另一个新的借口或谎言去推托呢?

2. 别人的请求给你带来哪些不可接受的影响

应答性我信息的第二部分是,说明自己为什么要拒绝。当然,不是所有的拒绝都非得需要说出一个理由。有些情况下,尤其是和自己不熟悉的人打交道时,一个简单的应答性我信息就足够。只要说一句"我已经决定不去了"便能奏效,不需要过多的理由和解释。

然而,在大多数情况下,我们还是建议你最好能稍微做些解释,避免给人留下不好的印象,觉得你粗鲁、专断或咄咄逼人。做些解释还能让别人了解到你确实是在慎重考虑后才做出这样的决定的。这等于是在告诉别人:

绽放最好的自己
—— 如何活成你想要的样子

我虽然选择拒绝了你,但我非常在乎我们的关系,也相信你能理解我这么做的理由,尊重我的选择。

把原因解释给别人听,也是在帮助自己澄清和坚定自己的决定,从而进一步增强自我的觉察。

别人的请求给你带来不可接受的影响,指的是如果你答应了,可以预见到的种种有形或无形的后果。例如,有人让你投入大量的时间和精力去搞一个你根本不感兴趣的项目或活动。有形的后果可能包括:损失钱财,浪费时间,对身体健康、家庭或其他人际关系有消极影响等。无形的后果可能包括:担心、压力、烦闷等。考虑所有这些可能的消极影响,会帮助你做出拒绝的决定。应答性我信息可以是这样的:"不,我决定今年不在委员会工作,因为到现在我已经干了整整五年,我真的感到累了。"

面对一些不愿意接受的请求,你可以使用下列应答性我信息来应对:

不,我现在真的不想借钱给你,我生活里有好多事情需要用钱。

不,我决定最近一段时间不再参加任何会议,因为我有一个非常重要的项目需要全力以赴。

不,我们不打算再买杂志了,因为之前订的杂志已经多得没时间看了。

不，我决定下周不和你去逛街，我得多花些时间陪家人。

不，我今天不想出去吃午饭，我正在减肥，餐厅里的诱惑太多。

不，我们不想再继续购买你的病虫害防治服务，因为之前买过，家里还是有很多蚂蚁。

不，我不想成为"特百惠"会员，我有很多它的产品却没法用，因为这些产品不能放到洗碗机里。

像以上这些清楚明了、内外一致的回答，常常会得到别人的理解和接受，甚至会让人松一口气。你的坦诚会让人们更尊重你。更重要的是，他们会感激你的信任，相信他们能够很好地应对被拒绝。

从应答性我信息换挡到积极倾听

不过有些时候，即使你尽可能表达清晰又礼貌小心地拒绝别人，还是有可能引起别人的不快，尤其是如果你以前总是答应他们的请求。

请记住，使用我信息背后的一个关键态度是，一旦发现别人对你说的话反感时，要愿意并且能够换挡到积极倾听。随着你逐渐学习如何表达更强有力的我信息，换挡和倾听也变得越来越重要，这样你才能听出什么时候对方有抵触情绪，并且理解这种抵触情绪，体会到对方有哪些需求受到威胁。

通过下面这位学员的经历，你可以了解到如何换挡：

皮特的秘书外出时，皮特经常有些打字的活儿要做。皮特会请我帮忙，我也总是帮他。最近，我决定不想再做这额外的工作。下面是我们的对话。

皮特：南希，你能帮我把这份报告打印出来吗？我秘书今天不在。

南希：不行，皮特。我决定不再帮你做这些打字工作了。这不是我分内的事。

皮特：你今天怎么了？以前你一直帮我的。

南希：我今天的反应确实让你感到很吃惊。（换挡到积极倾听）

皮特：是啊，我觉得我们是朋友，你也很乐意帮助我。

南希：我的拒绝让你怀疑我们的友谊，或让你认为我在装腔作势。（积极倾听）

皮特：没错。

南希：不，皮特。我是喜欢你，而且希望继续和你做朋友。我只不过不想再做不是我分内的工作。

用应答性我信息说"是"

如果别人提出的要求可以接受,你打算答应,也可以使用应答性我信息。如果你内心真的愿意,就直接说出来好了,你也可以列举出自己愿意接受的理由。这样一来,你能和自己内心的真实感受建立联结,并告诉对方你愿意接受请求确实是出于真心,而不是心不甘情不愿勉强答应的。这种积极的自我敞开可以使人际关系变得更加坦诚和愉快,就像下面这些例子所呈现的:

是的,我很愿意为罗琳·尼尔森分发竞选海报。我很认同她主张的观点,我很愿意帮助她。

是的,我很高兴明天能和你一起吃午饭。我很想知道你最近过得怎么样。

当然,我会帮你准备晚餐。我要做咱们都喜欢吃的那种沙拉。

是的,这周我很乐意帮你的忙。这让我有机会报答你为我之前所做的一切。

是的,我很乐意参加明晚你组织的会议。这让我有机会更多地了解你所做的事情。

当你学会如何用应答性我信息去答复别人的请求时，无论表达接受还是拒绝，请记住，最重要的是要保持平衡——既要关爱自己，又要顾及别人。

第五章
CHAPTER 5

如何避免部分冲突

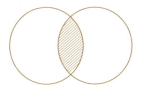

言正學

文氏の理論問題

第五章
如何避免部分冲突

> 自我在存在中成长。
>
> ——西德尼·吉尔拉迪（Sidney Jourard）

尽管许多人感到有挫败感，感到生活不尽如人意，但是他们从来没有真正找到导致这些消极情绪的原因是什么。他们嫉妒那些把生活过得有滋有味的人，用合理化的方式（最常见的借口是"运气太差"或"命该如此"）为自己缺少成就感和幸福感的生活开脱。

通常，幸福感的匮乏可以直接追溯到，一个人不知道如何把自己的渴望和需求清楚明了地表达出来。学习使用应答性我信息，能帮助你去应对一些你确实想拒绝的请求，能使你赢得支配自己的时间和精力的主动权。显然，让自己从难以接受的工作、负担和义务中解脱出来，是迈向个人自由的一个重要里程碑。

但是，拥有摆脱束缚的自由，不浪费时间在低满足感和低成就感的事上，只能解决问题的一半。解决问题的另一半是，拥有自由意志，把自己的时间、精力和天赋花在对自我来说更有意义的事情上，从而实现自己的梦想。积极主动地追求自由，有时还需要得到别人的理解、支持、合作和参与。如果你想在必要时获得别人的帮助，就得建立起互惠互利的人际关系，让别人觉得你愿意帮助他们实现他们的需求。人与人之间的关系时常是跌宕起伏、变幻莫测的，今天是你去帮助别人，说不定明天需要帮助的人就变成了你。生活瞬息万变，你最可靠的行为指南是，觉察自己内心的需求和价值观，同时也要时时记得留意别人的需求和价值观。

预防性我信息

当你需要从别人那里得到某种形式的帮助或支持时，把自己的需要表达出来，就是所谓的预防性我信息。这是一种自我敞开方式，让你和相关的人分享自己的看法，让他们来帮助你实现你的需求。和所有的"我信息"一样，这是一种自信坚定的表达，清楚而直接，既不会让人感到模棱两可，也不会让人觉得咄咄逼人。请记住，当别人清楚地了解到你到底想要什么，他们才更加能够也更加愿意帮助你实现你的需求。

之所以叫作预防性我信息，是因为它能预防许多冲突和误解——你传递的信息让别人提前了解你需要什么、渴望什么。告知他人你的需求是什么，可以增进他们和你之间的人际亲密感，可以避免将来他们对你的言行感到意外，还能让别人对因你调整行为造成的相应影响有所准备。

一位学员讲述了她如何有效使用预防性我信息的经历：

第五节

如何避免部分冲突

我把很多时间给了不同的组织,例如 Brownies(女童军)、PTA(家长教师联合会)等。我的孩子年龄还小,我花了不少钱雇请临时保姆,这笔花销让我很头疼。我开始变得愤愤不平,为什么很多事非得我来做,而别的妈妈就能待在家里。我主要的不满是雇请临时保姆花销不少。于是,我向小组里其他一些家长吐露了自己的苦恼(预防性我信息),并希望他们能在我忙着组织活动时帮忙照看我儿子。结果还不错,我仍然可以从事我喜欢的志愿者工作,享受帮助他人的感觉,而且不必发愁雇请临时保姆的费用了,因为其他妈妈很乐意帮我照看儿子。

另一位学员描述了她和自己父母进行的交谈对话:

"最近几年,每次回老家过圣诞节拜访父母时,我有种硬着头皮尽义务的感觉。今年我打算不回去,就待在自己家里。当我把自己的感受告诉父母(愧疚感),告诉他们我想自己单独待家里,会另找其他时间回去看望他们,我才了解到,其实父母每次坚持让我来和他们共度圣诞节,是因为担心我一个人会感到孤单!今年他们不必'招待'我,对此他们感到放松解脱,计划来个小小的旅行。"

还有一位学员讲述的是她和家人关系的转变:

绽放最好的自己
—— 如何活成你想要的样子

每天下班回到家,我都筋疲力尽,根本没心情马上做晚餐。大家都饥肠辘辘没饭吃!我向家里其他三位成员开诚布公,告诉他们,就像他们上学或上班会感到累,我也一样。所以大家可以稍微休息一会儿,再一起动手准备晚饭,或者如果他们不太累时,可以自己先开始准备起来。现在当我到家时,有时看到晚餐已经开始准备了,房间也被打扫干净了(感觉真好!),有时我先生或我大儿子开车带我们全家人到外面吃。

我们一次又一次地发现,一旦人们学会使用有效自我敞开的技巧,他们会对别人因此愿意配合感到惊讶和欣喜。人们开始意识到,无论是从别人那里还是从自己身上,一直都能获得潜在的认可、支持或帮助。只不过以前这些资源处于休眠状态。我们时常会听到类似的对话片段:

甲:我不知道你是这么想的!为什么你不告诉我呢?
乙:你从来没问过嘛。

有多少未达成的需求、未满足的关系和未实现的目标,可以归咎于这样的事实:"你从来没问过",或太晚提起,或是干脆让别人的好意碰了一鼻子灰,压根没有帮助你的机会。

有效的预防性我信息总体上包含两个部分:

第五章
如何避免部分冲突

1. 明确表达自己的需求

"我想回学校上学。"

"我需要休息一下。"

"我想找点乐子。"

"如果这个周末我们能待在家里,我会很开心。"

"我决定要换一个更好的工作。"

2. 解释与需求(期待)相关的理由

"我想……因为……"

对你为什么提出这样的需求进行解释,是很重要的,这样会使你的话听起来不那么武断霸道或咄咄逼人。如果你像以下这样对你的配偶说,不难想象对方会做出什么反应。

我决定重返职场,所以我希望以后你能多干些家务活!

如果用预防性我信息,你也许会这样说:

我决定重返职场,因为我很想帮家里分担一些日常开销。而且,我也需要做一些有意义的工作,让我有机会将大学所学知识派上用场。将来我需要你帮着分担一些家务活。

以上第一种说法显得咄咄逼人,充满命令味道;第二种说法则是深思熟虑之后的自我敞开。

要想说好预防性我信息,必须具备以下几个条件:

你了解自己的需求和渴望,以及相关原因。

你下决心要为自己的需求负责。

你能以一种坚定自信的方式,向能为你提供帮助的人表达自己的需求。

如果对方有抵触情绪,你愿意换挡去倾听对方。

预防性我信息在这些情况下非常有用:一种情况是当别人妨碍了你实现自己的需求,你想更明确地表达自己的想法;另一种情况是如果对方是你不熟悉的人,你可以用预防性我信息,避免让人感到你咄咄逼人、过分严苛。

我们的经验证实,预防性我信息具有很多优点,不仅能够让你受益,还能使你周围的人受益。比如:

第五章
如何避免部分冲突

你可以保持对自己需求和感受的觉察和掌控，并能为之负责。

别人可以了解到你的需求是什么，了解到你对这些需求的感受强度。

你的坦率、直接和表里如一，会换来别人同样的真诚。

你可以减少一些未来可能的冲突和关系紧张，尤其是因为不清楚需求或者缺乏沟通导致的摩擦，从而减少意外感对亲密关系带来的冲击。

你可以为自己制订的计划负起全部责任，可以为今后的需求做准备。

因为开放和真诚成为你人际关系的基础，因而你可以拥有健康的人际关系。

以下是一些成功运用预防性我信息的案例：

我想和你约个时间讨论我们在会议上要做什么，这样我们到那后，我会感到有备而来，不会紧张。

我希望你放学后如果不马上回家最好能跟我打个招呼，这样我才不会担心你。

我想我们在周末出发前应该弄清楚还有哪些事要做，这样能有足够的时间把一切安排妥当。

我想知道你什么时候把孩子接回来,因为我今天安排了一些事情。

我想知道明天会上我们会讨论什么内容,这样我可以把相关材料带上。

我想知道我们什么时候吃饭,因为我有一个很长的电话要打。

我担心你今晚可能到家较晚,这样我们来不及吃饭,又踩在点上赶到剧场,我真的不想错过开场。

避免使用"你信息"

表白性我信息、应答性我信息和预防性我信息,可以说明你是谁,可以表达你的思想、感受、价值观或者需求。这些"我信息"告诉别人你的内心世界,有助于营造合作性而非对抗性的人际氛围。这些"我信息"反映了你对自己的觉察,以及将觉察转化为行动的渴望。它们表达的仅仅是你的内心体验,不对别人的感受和行为做评判和解释。

当我们想要表达自己的感觉和需求时,说出来的话通常会变成贬低或指责他人。我们称这些话为"你信息","你信息"带有针对别人的消极判断或评价。"你信息"常常被用来表达愤怒、尴尬、恐惧或伤心,"你信息"不是自我敞开,因为它们没有表达出你自己的感受、需求或兴趣。无论初衷如何,你信息都会给

如何避免部分冲突

人咄咄逼人、非难责备的感觉,因为它们听起来像是在说:"都是你的错!"或"你应该受到指责!"你信息贬低对方的自尊,引发对方的愧疚感,从而损害人际关系。

当别人对你使用下列的你信息时,你会有什么反应呢?

"你迟到了。"

"你太懒了!"

"你怎么这么小气?"

"你太草率了。"

"你太专横啦!"

"你真邋遢。"

"你发疯了!"

"我实在不敢相信你这么不负责任!"

"你应该多为家里做点事情。"

"你做决定前应该先和我商量。"

当许多人第一次发现他们的日常对话中,竟然充斥着这么多"你信息",会感到震惊无比。他们原本认为,自己是在坦诚地说出内心的想法!他们会说:"我最不想做的就是让别人感到愧疚。因为我已经受够了别人这样对我！"可是，为什么"你信息"又这么司空见惯呢？

就像明明想说"不"却偏偏说"是"一样，用"你信息"来表达我们的想法似乎显得容易。"你信息"随时都能从嘴边溜出来，因为"你信息"不用自我觉察，可以轻松地把责任推卸到他人身上。在受到别人伤害时，我们本能直接的报复也是使用"你信息"。"你信息"还会造成其他一些问题：

"你信息"让你没法对自己的感受负责。

"你信息"引发别人的抵触和防御，你因此常常没法达成自己的目标。

"你信息"会导致有害的争吵和谩骂。

"你信息"让别人感受很糟，有沮丧感，感到被批评，感到受伤。

"你信息"让别人很想反击你，报复你。

"你信息"传递出的是缺乏对别人感受的尊重。

避免使用"你信息"对人际关系非常重要，让我们来了解一些典型的"你信息"，并将他们和相同情境下使用的"我信息"进行比较：

如何避免部分冲突

情境	"你信息"	"我信息"
你今年想开一场派对庆祝自己的生日	"你从来都没有为我举办过生日派对！"	"我今年真的很想开一场派对庆祝生日。"
你的配偶想把多出来的储藏室空间改造成游戏室	"你怎么能这么自私！你明明知道我想把这部分空间作为我的暗房。"	"我正考虑着把这部分空间作为暗房呢。"
你的同事经常占用公司唯一的会议室	"你没有权利独占会议室。"	"我马上有一些重要的会议，需要用到会议室。我们一起来排个使用会议室的时间表吧。"

关于"你信息"还有另外需要牢记的几点。在"你信息"前加上个"我觉得"或"我认为"并不能自动地变成我信息。比如你对你的同事说：

> 我觉得你也太不为别人着想了，总是占着这楼里唯一的会议室。我认为你应该意识到在这工作的其他人也是要用会议室的。

虽然你用了"我"来开头，你实际上还是在说"你只考虑自己，不为别人着想，你一点都不关心别人。"你的同事听了当然会心有不满，也就没心情和你合作了。

"你信息"还会隐瞒一些你本来需要坦诚面对的情感。例如，与同事相处时，你可能觉得她比你受到了更多特别的待遇。在这层感受底下，你可能还觉得自己不被欣赏和不受重视；往更深层进一步探索，你可能觉得自己的能力没有得到充分发挥，对现在的工作不满意。当你对别人指指点点的时候（而不是去反省自己的真实感受），你往往也失去了探究和更深入理解自我的机会。

从预防性我信息换挡到积极倾听

和其他类型的我信息一样，预防性我信息也会带来一些现实风险。你可能提及一个让对方始料未及的话题，导致对方做出防御性的反应。或者你可能陷入一个根深蒂固的冲突中，需要通过更复杂更耗时的解决办法（第十章将介绍问题解决六步法）。

当别人觉得他们可能不得不改变或调整自身行为，来迎合你和你的需求时，他们很自然地可能会产生抵触情绪。当你遇到这种情况，请记住，关键是立即从自我敞开的状态转换为积极倾听。

以下对话是一位学员记录了引发对方产生抵触情绪的场景，以及她是如何应对的：

我刚刚接手一份新的工作，不太清楚自己的职责范围，于是我决定直接找老板问问清楚。

第五章
如何避免部分冲突

凯瑟琳：我想约个时间咱们聊聊。我有些事想和你讨论一下。（预防性我信息）

老板：（叹气）哦，真的？可以等一等吗？是不是非常重要的事？

凯瑟琳：听上去你确实很忙。（积极倾听）

老板：是啊——我有很多东西要写，下周还要出去开会。

凯瑟琳：有这么多事情要做，你有些担心和着急。（积极倾听）

老板：对，没错。

凯瑟琳：我明白，我确实需要和你讨论一些重要的事情。我想我们可以等你开会回来以后约个时间谈，好吗？（再次表达预防性我信息）

老板：好的，那样最好。我回来后的周一上午怎么样？

以下是另一位学员在家里使用预防性我信息时发生的状况：

我很想参加一个刚刚成立的妇女组织。不过这意味着我得为那里的工作投入大量的时间。我丈夫的第一反应就是我会没时间照顾孩子，没时间收拾房间，还担心我在做的其他事情会受到影响。我用了积极倾听，进一步了解他的真实感受，使他逐渐平静下来。

乔安娜：你好像担心我会没时间做平时的事情了。

绽放最好的自己
—— 如何活成你想要的样子

丈夫：是啊。你怎么照顾孩子们？

乔安娜：你确实很在乎这点，对吗？

丈夫：没错，而且我怎么办？我们还能有在一起的时间吗？

乔安娜：我能理解，这件事好像对你带来了一些威胁。

丈夫：是的，是这样的……

然后，我向他保证，丈夫和孩子是我生活中最在乎的，他们肯定会得到足够的关心和照顾。接着我重新表达了自己想成为新组织一员的需求。于是，他说："你说说看你要做的事情？"我向他解释了一番，随后他说："嗯，听起来确实很有意思，也是你确实喜欢并且能做出名堂来的。"之后我们一起看台历，计算我实际要花的时间，如何抽空照顾孩子，如何完成其他的事情。真的很奏效！！

显然，时机的掌握是非常重要的，能将风险降至最低，将预防性我信息的效能发挥到最大化。你向别人隐瞒自己重要需求的时间越长，就越难实现自己的目标。因此，我们才会反复强调不断探索自己的需求和价值观的重要性，然后将自己的需求付诸行动，避免不必要的耽搁和延误。人际关系中的误解和紧张呈现累积的方式，会随着时间的推移而恶化，变得越来越复杂，甚至难以收场。

第六章
CHAPTER 6

谁拥有问题

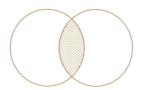

第六章
谁拥有问题

> 在你被邀请之前,不要给出你的建议。
>
> ——伊拉斯谟(Erasmus)

尽管预防性我信息可以提前避免一些冲突,但众所周知,人际交往中的很多问题是突发性的,令人措手不及,防不胜防。而且,哪怕用最清晰的方式进行表达的预防性我信息,也可能没法帮你从别人那里获得所需要的帮助和支持。这时,你的需求得不到满足,就有了困扰。

当你的孩子、爱人、同事或朋友向你倾诉他们面临的问题时,比如某个需求没有得到满足、感到伤心、遭遇挫折、左右为难、面临丧失等,想想这种情况下发生了什么?与你自身面临困扰不同,这种情况是人际关系中另一类型的问题,即别人拥有困扰。

以上不同类型的问题在人际交往中是普遍存在的,也是无法避免的。如果想在生活中拥有互惠愉悦的人际关系,就需要掌握一些特殊的技巧,去觉察问题什么时候出现,准确定义问题的归属,才能找到相应的解决办法。

我们需要很多不同的技巧。有些技巧只对应某种类型的问题起作用，对另外一些类型的问题无效。针对不同的问题，你需要选择最适合的技巧。

在效能训练课程中，我们用一个图解模型来帮助确定究竟用哪种或哪类特定技巧最适合。我们把这一模型叫作"行为窗口"。理解行为窗口可以帮助你梳理在人际交往中遇到的各种问题——谁"拥有"问题（你，他人，或是两者共同），以及为了解决这一问题需要运用哪些技巧。

行为窗口

首先，设想在下面的窗口里，包含了和你有人际交往的某个人的所有行为，包含所有的言谈举止。当然，这些行为可能有很多很多，每一个行为都用字母"B"来代表（译者注：B是英文"行为"Behavior 的首字母）。

```
┌─────────────────┐
│  B         B    │
│     B   B       │
│  B         B    │
│     B           │
│  B      B       │
│     B           │
│  B      B       │
│     B       B   │
│  B              │
│         B       │
│  B      B   B   │
│     B           │
└─────────────────┘
```

现在把窗口一分为二，上方的区域叫作"可接纳行为区"，下方的区域叫作"不可接纳行为区"。

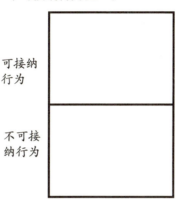

上方区域代表对方所做的行为，对你来说是可以接纳的。可接纳行为意味着这些行为不会给你带来困扰。如果对方的行为不会干扰你的生活，也不会妨碍你达成自己的需求，你通常会接纳对方的行为。在这种情况下，对方的行为让你感觉不错（或是不好也不坏）。

下方区域代表你不能接纳的行为。不可接纳行为会给你带来很多困扰，要么干扰了你的生活，要么妨碍你去实现自己的需求，让你产生烦躁、恐惧、别扭、生气和担忧等感受。

影响你对他人行为接纳度的因素

有些人从整体来讲，接纳度更广。比起那些对生活不满意，感觉不幸福的人，个人需求获得较多满足（以及喜爱自己）的人，通常待人更为宽容。且不管每个人整体上的接纳度，我们日常生活中对他人行为的接纳度主要受到以下三个因素的影响：

绽放最好的自己
—— 如何活成你想要的样子

自我；

环境；

他人。

下面我们将逐一展开讨论。

自我

你的心情——当下心理状态和身体状态，显然会影响到你对别人行为的态度。设想一下，你早上醒来神清气爽，心情格外愉快，上班时老板布置了一些急需处理的工作，你也会欣然接受。如果你早上醒来后一直头疼，你也许会觉得这些急需处理的工作让人无法忍受。当你心情愉悦时，老板的行为处于接纳线的上方。当你情绪不佳时，同样的行为却被划分到接纳线的下方，如图所示：

心情好时接到急需处理的工作	B	可接纳行为		心情差时接到急需处理的工作
		不可接纳行为	B	

环境

行为发生的时间和地点也是十分关键的。如果你的孩子在小区内车辆稀少的道路上骑车,你会觉得没什么大碍,但是如果孩子在车水马龙的街道上骑车,你会觉得不能接受。同样,如果你的同事在午休时,跟你讲她和男朋友分手的事情,你会觉得完全能够接受,但是如果是在工作时唠叨这件事,就会让你觉得厌烦。

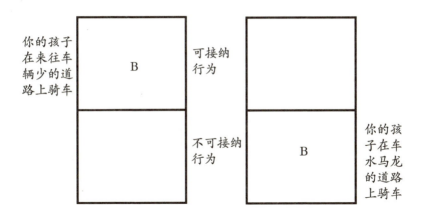

他人

你对他人某个行为的态度,不可避免地会受到这个人是谁,以及你对这个人有什么感受的影响。你对一个人的反应是一个相当复杂的混合体,涉及方方面面的因素,包括印象、感觉、交往经验、直觉判断、深层价值观、缜密评估、偏见、成见、刻板印象、偏好等。如果你为某个人贴上分类标签(比如肥胖、书呆子、外向、大男子主义、性格孤僻、赶时髦、贪小便宜),那么,可能对方已经引起你的反感,或是对方已经赢得你的好感。这意味着,相比之下你会更喜欢一些人,不可能对所有人一视同仁。相同的行为,放在这个人身上你能接受,放在另外一个人身上就变得令你无法容忍了。

假如你的好友给你打电话,正赶上你不太方便的时间,你也许不会介意,或许还会放下手里事情和他/她交谈。如果是你不喜欢的人在你忙的时候打电话来,你的接纳度会大大减小,很可能会尽量缩短谈话挂掉电话。

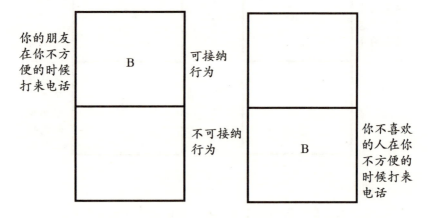

这三个因素——自我、环境和他人——发生千变万化,并以数不尽的方式相互作用,决定了对你来说什么是可接纳的,什么是不可接纳的。因此,可接纳行为和不可接纳行为这两个区域的分界线在不断上下浮动。

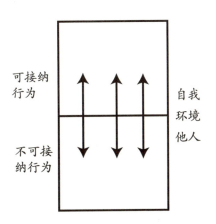

问题的归属

行为窗口可以用来解释另一个重要的概念——问题的归属。

这个概念可能刚开始听起来比较奇怪。人们会认为问题是存在于自身之外的,也就是说,问题存在他人身上、在自然环境里、在某种情境下、在系统中产生。或者,我们会由"归属"想到一些有形的东西:我们对一栋房子、一辆汽车、一台电视机等具有归属权。问题是一种无形的东西,它的归属从何谈起呢?为什么考虑问题的归属如此重要呢?

问题的归属对女性来说尤为重要,因为女性常常试图为身边每个人解决他们的问题——丈夫的、父母的、老板的,尤其孩子的问题——以致她们常常去承担别人的问题,并当成她们自己的问题。我们忽视了这样的事实,每个人都有自己独特的需求和目标,与别人的需求和目标有所不同。下面我们要具体分析问题的归属，以及它如何影响人际关系。

无问题区

如果别人的行为对你来说整体上可以接纳，那么别人的行为属于行为窗口上方的可接纳行为区域。你可以接纳别人的行为，因为这些行为不会干扰到你的生活，不会给你带来困扰。你可以有效地按照自己喜欢的方式生活，去实现自己的需求。在行为窗口里，我们把上方的区域定义为"无问题区"。

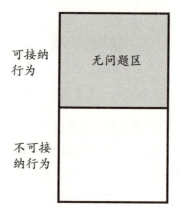

以下例子属于无问题区的情况：

你的配偶和你进行愉快而有启发性的交谈。

你看书的时候，孩子们在一旁安静地玩耍。

你和同事一起愉快高效地工作。

第六章
谁拥有问题

当别人的行为属于无问题区时，你可以放松自在地追求自己的目标，交谈时可以畅所欲言，表达自己的想法、观点、渴望和需求。你觉得能接纳对方的行为，因此可能很有兴致倾听和理解对方。你可以运用前面几章介绍过的所有沟通技巧：表白性我信息、应答性我信息、预防性我信息，以及换挡到积极倾听。

你拥有问题

当别人的行为影响到你的生活，妨碍到你去实现自己的需求时，会让你感到烦恼、沮丧、担忧或生气，这时你不再会觉得别人的行为是可以接纳的，因此你拥有了问题。在行为窗口里，"你拥有问题"区处在你的接纳线下方。下列例子属于你拥有问题的情况：

> 和你同一办公室的同事是烟鬼，搞得办公室里乌烟瘴气，害得你又咳嗽又打喷嚏。

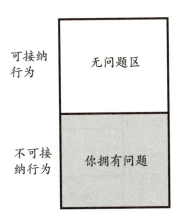

你的上司下班后把你留下来,结果你错过了牙科约诊,就诊费还得照付。

你女儿把立体声音乐开得很大,让你没法集中精神做事情。

你的需求受到了干扰,因此你想让别人改变他们的不可接纳行为。为了解决这类问题,你需要采取更主动的方式。

更有可能促使对方做出改变的有效方法是面质,面质是一种强有力的自我敞开方式。当别人干扰到你的需求,面质他人是为自己的问题负责的一种有效方式。

双方共同拥有问题

有时候,你和他人之间出现问题,或者有了冲突。双方对彼此行为觉得不可接纳,对关系感到不满意。当一方表达出自己的需求未被满足,或者面质另一方时,冲突的存在通常会变得非常明显。我们把这些问题划分在行为窗口的最下端:

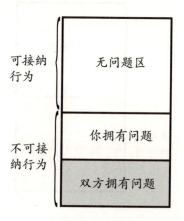

谁拥有问题

下列例子属于共同拥有问题的情况:

你的配偶想要生一个孩子,但你不想。

你觉得自己应该得到加薪,但你老板不这么认为。

你的孩子非常想养宠物,而你不同意。

出现这类情况时,需要一些冲突解决技巧,我们将在第十章和第十一章中谈到。

他人拥有问题

他人拥有问题指的是,别人在他们的生活中遇到烦心事,感到不开心或不满意,而此事又和你无关。因为这类问题没有对你造成实际的或直接的影响,你可以接纳他们的行为。你或许想去帮助别人,或许不想。但是,并不是你拥有的问题,因此你可以置身事外。

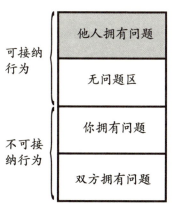

绽放最好的自己
—— 如何活成你想要的样子

以下例子属于他人拥有问题的情况：

你女儿学习上遇到困扰。

你的配偶快退休了，对退休后怎么打发时间感到焦虑。

你的朋友对自己的工作感到不开心。

把别人的问题留给他们自己去解决，你会从中体会到一种解脱和轻松。这意味着，你不需要承担为别人解决问题的责任。伴随而来的其他好处是：

√ 曾经你觉得自己需要为别人提供问题的所有答案，现在你将从这种压力下解脱出来。

√ 你允许别人去解决他们自己的问题，这有助于他们变得独立、有责任感，增强他们的自我觉察和判断的自信。

√ 你要为自己的生活、需求和问题负责，别人也应该有同样的自由负责他们的生活、需求和问题，这是一个硬币的两面。

√ 你提供的解决方案通常对别人来说不一定是最好的。

√ 替别人出主意要承担一定的风险，一旦你的解决方案不奏效，他们会归咎于你。

√ 你很难清楚了解到藏在别人问题背后的真正原因。如果你贸然提供意见，可能会妨碍别人深入了解自己的感受或问题。

第六章
谁拥有问题

√ 对别人的问题大包大揽，会滋长他们对你的依赖。

参加过课程的学员分享了自己意识到以前总想替别人解决问题：

当我不再像以前那样替别人解决问题时，大家有时会感到诧异。现在我换一种方式来帮助他们，先确认究竟谁拥有问题，让他们自己决定该怎么做。

以前我总是觉得父母应该回答孩子的所有问题，帮助孩子解决问题。现在我意识到不让孩子们自己去解决问题是错误的，要放手让他们表达自己，在必要的时候给予他们支持就足够了。

针对不同问题的不同处理技巧

行为窗口视觉化地呈现了你和他人的关系，以及可能发生的问题类型，提醒你注意问题归属可以是你拥有问题，或者他人拥有问题，还可能是双方共有拥有问题。问题归属这个概念非常重要，因为当你拥有问题时需要某些技巧，当别人拥有问题时需要其他一些技巧，当双方拥有问题时需要另外一些技巧。下面的表格比较了遇到三类不同的问题时，所要采取的不同态度。

你拥有问题时	别人拥有问题时
你使用面质技巧	你使用协助技巧
你要为实现自己的需求负责	你允许别人为他们自己的需求负责
你是沟通的发起者	别人是沟通的发起者
你去影响他人	你扮演的是顾问角色
你想帮助自己	你想帮助他人
你想要"发出声音"	你是"声音的共鸣板"
双方拥有问题时	
双方都要自我敞开、直言不讳	
双方都需要准确地倾听到对方的感受	
双方都要考虑彼此的需求	
双方都要参与到问题解决的过程中来	
双方都有责任提供解决问题的方案	
双方必须找到最终彼此都满意的解决方案	

第七章

CHAPTER 7

当你拥有问题

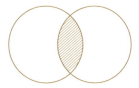

当你拥有问题

> 压抑的愤怒和尖酸刻薄的言语一样，会毒害人际关系。
>
> ——乔伊斯·布拉德斯（Joyce Brothers）
>
> ……也许我们没法完全理解，愤怒是掩盖内心受伤的情感外衣。（愤怒似乎合乎正义，让人感觉很好……而内心受伤让人感觉并不好。）
>
> ——夏洛特·皮恩特（Charlotte Painter）

你的配偶总是让你在公众场合下不了台。

你的同事在一些涉及你的事情上，有时擅作主张。

你的朋友向你借钱并答应要还，但是事实上没有这么做。

你的下属常常上班迟到。

你的老板经常没有告知你什么时候他/她要出差。

你的孩子放学后没有按时回家。

在上述这些情况中，他人的行为已经干扰了你的需求或权利，因此他们的行为对你而言是不可接纳的。

当别人的行为已经引起你的困扰，预防性我信息显然是不适用的。现在，该是使用面质性我信息的时候了。

面质性我信息是一种富有建设性的、用来表达消极感受的方式。虽然面质性我信息与其他自我敞开的方式有很多相似性（例如真实、内外一致和直接），但是它还是有些不同，也相对更复杂一些，因为毕竟你是在面质他人，告诉对方他们的行为怎样影响了你，给你带来了消极的感受。

面质性我信息

当别人的行为干扰（或已经干扰）你的需求，意味着你拥有了问题。现在你需要运用比我们之前讨论的更加强有力的"我信息"。你想着重表达你的消极情绪和未被满足的需求。你的最终目标是改变这种状况，使得你的需求得到满足。

有效的面质不仅要承认对方的权利和需求，也要维护自己的权利和需求，因此你想要传递的观念是：

你想让自己的需求获得满足，并寄希望于对方行为的改变。

第七节
当你拥有问题

你想要维护对方的自尊。

你想要维持双方的关系。

如果你的面质性我信息包含以下要素，会大大增加别人心甘情愿调整自己行为的概率：

你的感受；

对方的什么行为引发你困扰；

对方的行为如何影响到你。

具有这三个要素的信息就是我们所说的面质性我信息。接下来我们要详细讨论这三个要素。

表达你的感受

为了让对方更有可能去改变他们的不可接纳行为，对方需要知道你对此的感受是什么。在面质性我信息当中表达你的感受，不是件容易的事，因为这个过程需要把消极感受打开来，而大多数人在此之前被教导要把消极感受藏在心底。但是如果你努力克制你的感受，你说的话含混不清、令人费解，里面仍然会包含着对别人的行为表示难以接受的味道。

当你用面质性我信息来表达感受时，首先要很具体，而且是描述性的。这些话语要尽量贴近你的情感强度。如果你真的很生气,压抑怒火可不太明智,这会让别人误以为你只是轻微不快而已(例如"倒是没太大关系"或"我希望这件事不会让你太为难,但是……")。对你的感受进行淡化处理,会让别人误以为他们的行为对你并没有造成太大影响。夸大你的感受,同样也是不可取的。如果你只是为了强调自己的观点,故意表现出比实际感受更为愤怒的样子,你可能会被别人认为是过度反应。对方搞不清楚你的真实状况,就不太会去做出改变,之后也不会相信你的诚意。

很重要的是,你要保持清晰的情感聚焦,确认你表达的感受是真实的。因为感受常常很复杂,不是单一的,要表达清楚不是那么容易。愤怒也许是面质中最常见的感受,但是愤怒往往是其他感受引发的结果,这些其他感受通常反映了更为基础、更深层次的需求。

愤怒常常是一种反击方式,来报复那些曾经伤害过我们的人。愤怒通常是一种次级情感,在它之下隐藏着更深层的、更脆弱的情感,比如恐惧、被拒绝感、受伤或尴尬。对我们来说,对别人表达愤怒通常比较容易,承认我们的脆弱——对方的言行让我们感到恐惧、受伤或被拒绝感——相比之下要难得多。

如果你的配偶下班后突然很反常地深夜未归,你担心是不是发生了车祸,当他/她终于回到家,告诉你刚才是和同事去小酌一杯,你可能暴跳如雷:"你为什么不给我打个电话?你怎么一点都不为别人着想？"这样说并没有表达出你心中深深的恐惧。更加内外一致的我信息是："我真的好担心你会不会出了什么事，现在你平安回来，我松了一口气！"

我们不是说不应该表达愤怒。实际上，愤怒的发泄时常能帮助你看到隐藏在内心深处的感受。怒气释放出来后，你更容易聚焦于其他深层的感受上，比如受伤或被拒绝感。

当人们的需求得不到满足时，愤怒是一种正常的反应。尤其对许多女性来说，由于受制于刻板印象、礼数教条、性别歧视等影响，许多重要的需求一直得不到满足。

我们所接受的教育认为，愤怒是不好的，我们不应该感到愤怒，如果有愤怒，也不应该表达出来。正因为人们对愤怒或其他消极情绪的反应如此消极，我们努力试图去压制这些消极情绪。然而，我们没法否认这些消极情绪，我们必须以某种方式去应对它们。这就是为什么许多人无法面对直接表达所带来的影响，就选择了用间接的方式表达愤怒。

人们间接发泄愤怒的一些方式是：

生病——头疼、哮喘等；

情绪低落，感到厌烦、焦躁、紧张；

说话尖酸刻薄；

从关系中抽离，变得疏远；

向别人抱怨；

奚落、指责、嘲讽、归咎别人；

沉默，给对方以"静音处理"；

破坏别人的努力，干扰别人的需求。

我们都知道，愤怒到忍无可忍时，必然会爆发出来。这通常是我们有关愤怒的体验，因此难怪我们非常害怕表达愤怒。

所有这些做法，对你个人和与他人的关系，有百害而无一利，无助于你为自己的感受负责。相比直接面对愤怒，通过间接的方式发泄愤怒，会让你的身心消耗更多能量。从长远来看，与坦诚地表达愤怒相比，如果压抑愤怒或以间接的方式表达愤怒，也会给你的人际关系带来更多消极影响。

我们需要用一种新的方式去思考和处理愤怒。首先，需要做到以下几点：

觉察并接纳我们的愤怒；

允许自己去感受愤怒；

学会以不伤害彼此关系的方式去表达愤怒；

试着探索联结可能隐藏在愤怒下面的其他感受。

当你拥有问题

你不必对自己的愤怒心存恐惧，也不必把它看成是不正常、不健康的。当你的需求不能得到满足时，你有权利感到愤怒。学会把愤怒当成一种有意义的情绪或反应，这是接纳愤怒的第一步。只有当你这样看待它时，才能开始理解它、探索它，从中获得成长经验。当你没有坦诚、内外一致地表达愤怒，愤怒会和其他消极情绪混在一起，分不清楚。

当我们有勇气用真实而非责备的方式表达愤怒，会发现有许多其他感受掺杂其中。愤怒只是最明显、最贴近表面的一种感受。当我们有勇气表达自己的愤怒，才有机会发现、体会并接纳其他隐藏在愤怒下面的消极感受，以及一些相关的积极感受。

就算在人际交往中表达愤怒并不容易，可能对双方都不是一种愉快的体验，但是那也好过避而不谈闷在心里——比如生病、情绪低落、愤愤不平，最终损害或破坏关系。

显然，当别人的行为给你带来困扰时，愤怒并不是你唯一的感受。我们的需求受到阻碍，或我们感到自己的需求受到威胁时，我们可能会产生许许多多不同的感受：恐惧、悲哀、担心、失望、后悔、受伤、被拒绝感、尴尬、嫉妒、烦恼、激怒等。为了清晰地表达这些感受，首先要识别自己的感受，并且用我信息的方式表达出来：

我真的好失望。

我很害怕。

我很担心。

我好恼火。

当你运用我信息进行面质，等于在坦陈心声，告诉别人你内心的真实想法，而不是在指责别人让你产生困扰。下面这些你信息就带有指责别人的意味：

你让我好失望。

你把我吓坏了。

你让我很担心。

你令我恼火。

让我们来描绘一个情景，假设别人的行为干扰到你的需求，因此你产生了消极的感受。我们将通过这个情景来说明，如何使用由三个部分话语组成的面质性我信息。

你和一位同事共用一个办公室，你们需要密切合作，共同完成一个很重要的项目。没过多久，你就发现这位同事总是花很多时间煲电话粥聊个人和家里的事。你发现他最近遇到了些棘手的家庭问题，你努力想去接纳他的行为。但是，当你发现他在边上打电话确实让你无法集中精力，而且因为他把时间都花在频繁的私人电话聊天上,你不得不接手他的一些任务,于是你变得越来越不满。

你的面质性我信息也许可以用这样的方式开头:

我感到担心,因为……

我真的感到很沮丧和苦恼……

我害怕……

我有些心烦……

描述什么行为给你带来困扰

面质性我信息的这一部分只是描述他人的不可接纳行为:指出他/她的哪种行为让你觉得不舒服,而不是给这种行为贴上标签或加以评判。当别人的行为干扰了我们的需求,我们确实很容易用指责性的"你信息"贬损他人。正如我们之前说过的,"你信息"会引起别人的反感、不满和沮丧,因此他们就不太会做出行为上的改变。

让我们比较一下非责备性行为描述和评价性你信息的不同:

对他人行为的非责备性描述	评价性你信息
你的配偶打扰了你	"你真不为别人着想。"
你的孩子放学后没有回家,也没有打电话告知你	"你太不负责任了。"
你的同事没征求你的意见就做了决定	"你根本就不在乎我,也不在乎我的意见。"

回到同事一直打私人电话的这个例子,如果你说"我感到特别沮丧和苦恼,你一点儿也不为别人着想",这或许起不了什么效果。只要告诉他,他在做的什么事情干扰了你:"我感到特别沮丧和苦恼,你讲电话的时间太长了。"

从这个角度想想,其实你唯一的目的就是希望他能改变自己的行为,而不是惩罚他,或者让他产生内疚感,或者让他尴尬下不了台。你所希望的是继续你的工作,继续保持你们之间的良好关系,不伤和气。责备性的语言可能会引起他的防御和抵触,相比之下,仅仅描述他的不可接纳行为更能达到你的目的。

解释他人行为如何影响你

有效的面质性我信息的第三个部分是,真诚地说出他人的行为给你带来了哪些影响。他们的行为是如何影响到你,或干扰了你的生活的?

它可能让你付出时间、精力或金钱,你原本可以把这些时间、

第七章
当你拥有问题

精力和金钱花在别的事情上。

它可能妨碍了你的需求,或妨碍你做自己想做的事情。

它可能给你带来身体上的伤害,让你劳累,让你疲倦,让你感到疼痛或不适。

这些影响是有形的、具体的影响——别人容易理解的影响。对你而言,无形的影响还包括担忧、恐惧、焦虑、尴尬、失望等。

如果别人得知自己的行为如何影响到你,才更有可能去改变他们的行为,所以说出有形的影响尤为重要。大多数人比较能够理解和接受有形的影响。相反,无形的影响有时常常会招来这样的反驳:

"你这个人真是自寻烦恼。"

"别再害怕了。"

"我不明白为什么你会失望。"

"什么事情都会让你紧张。"

当你那位爱煲电话粥的同事听到你说:"我感到特别沮丧和苦恼,你讲电话的时间太长,我很难集中注意力,所以拖了很多工作没完成",他会清楚地知道自己的行为如何影响到你,也有较大可能会调整他的行为。

下面是一些有效使用面质性我信息的例子：

对配偶说：你打断我时，我感到很受伤，因为我的话还没说完，这样让我觉得你不太在乎我要说什么。

对同事说：我真的感到很生气，你没有征求我的意见就决定涨价，这影响到我的部门和部门收入。

对朋友说：我感到很苦恼，因为你没有按我们事先的约定还钱，我本来还指望这笔钱做其他事情的。

对下属说：我真的感到被欺骗了，你没有按承诺完成工作，我还得被客户指责。

对老板说：我感到气愤和沮丧，你没有通知我什么时候你会出差，我无法安排工作日程表。

对孩子说：你放学后没有按时回家，我真的非常担心，无心工作。

下面是一位学员介绍他运用面质性我信息后的收获：

去年圣诞节，我们开销很大，以致次年五月出现信用卡支付困难。我告诉太太，不希望这样的情况再次发生。我是这样跟她

当你拥有问题

说的:"我真的不希望再次出现这样的情况,当我们甚至都没法支付信用卡的最小还款额度时,我感到非常被动,我明白这种状况要好几个月后才能有所改善。"今年秋天,我们提前制定了预算,大致计算要花多少钱给家人和朋友买礼物,并意识到我们要大大改变原先的送礼方式来保证不超预算。我从中获得了更多掌控感。我们确实看到,我们原先的预期对预算来说是不合理的,于是我们做了调整。让我们惊讶的是,我们的预期和实际竟然相差这么远。

面质性我信息的奏效,有三个原因:对方在一定程度上确实在乎他/她的行为是否影响到你;他/她被你说服并相信自己的行为的确给你带来了影响(有形的/无形的);对方继续原来行为的需求并不是那么强烈,可以通过其他途径获得满足。换句话说,如果对方在乎你,理解你的困扰,意识到你的需求是什么,同时不感到被威胁或被操控的时候,他/她很可能愿意配合你调整自身行为。

新的行为有可能正是你所期待的,也有可能出现意想不到的新状况。比如你特别想午睡的时候,孩子们在大声争论,你运用面质性我信息之后,也许如你所愿,他们自愿停止争论,开始各自玩耍。他们也可能以一种让你始料未及的方式来解决:跑到车库里,这样既能继续他们的争论,又不会打扰到你午休。

当一个意想不到的解决方案出现,可以满足你的需求,也没有引发新的问题,应该要鼓掌欢迎,并且大加提倡。如果新的解决方案不能满足你的需求,你仍然可以继续提出你的意见,但是也要感激别人的努力和体贴。

下面是一位学员谈到自己使用面质性我信息的体会:

我是一家保险代理机构的经理,手下有六位业务员。我向来讨厌面质他人。要么我表达不清楚自己想表达的意思,要么我很容易激怒下属。我在效能训练课程上学到"我信息"表达技巧,对我帮助非常大。我现在更加开放、坦诚地表达我自己,当我面质下属时,也不太会引发他们强烈不满了。

另一位学员则谈到了自己和信贷经理之间发生的人际矛盾:

我是某个信用合作社的会员已经很多年了,最近我向他们申请贷款。在申请表格上,我列出一系列项目作为抵押。可是我的贷款申请被拒绝了。于是我给经理写了一封信,其中就有一段我信息,大概是这样写的:"给您写这封信的时候,我感到非常尴尬。当你们拒绝了我的贷款申请,我觉得自己受到了不公平的待遇,因为我加入信用合作社已经有十几年了,从来没有拖欠借款。这次申请被拒,作为你们的会员,我感到很难过。"四天后,我接到了贷款业务人员的电话,他说:"我也不知道到底发生了什么事,但是经理告诉我说您的贷款批下来了,并且您无须提供抵押,签名就可以。"

有时候，面质可能会给人际关系带来一度的紧张，尤其是当冲突已经被压制了一段时间。但是面质的结果很可能就是一种进步。一位学员分享了当她面质婆婆后，自己的类似体会：

我作为人的自尊得到提升，隐藏起来的愤怒减少了。彼此关系虽然变得疏远，但是确实比过去的状态更为积极，过去这么多年来我一直把不满藏在自己心底。

面质过程中的换挡

还记得之前提到过，当别人对"我信息"产生抵触情绪时，你应该及时换挡吗？你要做好准备，在面质的情境中更有可能遭遇别人的防御和抵触（即使你的我信息包含了所有的三个要素），因为没有人愿意听到他/她的行为会让人难以接受，给别人的生活带来消极影响。

以下是一个例子，同事打私人电话让你感到分神和心烦，你们之间的对话可能是这样进行的：

绽放最好的自己
—— 如何活成你想要的样子

你：你打电话时，我真的蛮沮丧的，觉得自己很难集中注意力，我一直在考虑如何在最后期限之前完成项目。

同事：我也很关心这个项目，但是我也关注其他事情。要知道，工作不是我生活的全部。

你：我想你是说，目前你生活中发生了一些其他的问题，更需要去解决。

同事：没错！有时真的很难，同时要处理家庭和工作的问题。

你：这段时间对你来说，真的挺难熬的。

同事：简直要把我折磨死了！我妹妹正在闹离婚，孩子也出现不少问题，并且——听着，我不想让我的这些家庭问题烦到你。

你：看来你的妹妹真的很需要你。

同事：我们一直很亲密。但是毕竟，这不是你的问题……这个项目对我来说也很重要。我会告诉我妹妹缩短通话时间。我可以休息时在楼下给她打过去。

在上述情境下，你可能需要好几次从面质性我信息换挡到积极倾听，这样双方能分享彼此的感受。

通常，通过你的面质和倾听，会带出冲突，或者你们之前没有意识到但一直存在的分歧会浮现出来。那么，你需要使用冲突解决技巧，这部分我们会在第九章和第十章介绍。

第八章
CHAPTER 8

应对焦虑

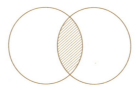

第八章
应对焦虑

> 随着一个人能面对焦虑，在焦虑中穿越，并最终战胜焦虑，自我的积极面得以发展。
>
> ——罗洛·梅（Rollo May）

什么是有效能人士呢？我们已经提到以下几个方面的重要性：能够认识和理解自我，能为自己的生活负责，能用"我信息"表达自己的需求、渴望和困扰，而不是责怪抱怨别人。

此刻，可能你不仅能够并且很容易运用各种自我敞开的方式，进行换挡倾听，你或许已经知道如何自我敞开。但是，看上去似乎很简单的过程，为什么真正做起来却很困难呢？

自我敞开的主要障碍是焦虑：我们被焦虑感压倒，从而变得唯唯诺诺，裹足不前。

尝试新的可能常常会伴随一定程度的焦虑。当你希望成为一个更为真实、自我敞开的人，为自己的生活和人际关系负责，焦虑会相随而来，因为你不知道这样做的结果如何。在提升个人效能过程中，焦虑与个人效能紧密相连，因此需要去理解焦虑所扮演的角色。然后，你才能控制焦虑，更好地成为自己生活的主人。

何为焦虑

当我们感到自身的安全受到威胁时,产生的那种恐惧、担忧、苦楚、不适和不安的感觉,就是焦虑。焦虑感向我们传递了一个信号:有些问题需要解决,有些地方不对劲了,我们需要采取一些行动来重新获得心理上的平衡。

焦虑的确是一种痛苦的感受,从小到大受到的教育都在教导我们如何去回避、忽略、逃离焦虑,甚至否认焦虑。我们所有人都有过这样的经验,试图用这些方法去应对焦虑,却发现效果并不好。焦虑并不会消失。实际上,如果我们没法面对焦虑、有效地应对焦虑,焦虑会愈演愈烈。

男人们通常有恐惧的困扰。他们从小到大被灌输的观念是,娘娘腔才会胆怯害怕,真正的男人是无所畏惧的。

下面是一位讲师经历的一件小事,清楚地说明了这点:

最近有一次我乘飞机,坐在一位很帅的小伙子边上。当时我特别疲惫,没和他搭讪。不过我注意到飞机起飞后,他十指紧握,不停地向窗外张望,不得不喝杯啤酒缓解紧张。飞机准备着陆时,我们简单聊了几句。他长吁一口气说:"我讨厌坐飞机。我真希

第八章
应对焦虑

望再也不要离开地面了。"我回应:"嗯,看来坐飞机让你有些紧张……"他立刻辩解道:"不,我不紧张。只是有点儿不舒服。"我说:"哦,你的意思是你有点恶心的感觉。"他说:"不是,我不觉得恶心。我就是不太喜欢坐飞机。"

男人们否认他们的恐惧和紧张(及其他感受),从而把自己封闭起来,把自己的妻子、孩子和同事排斥在外,也把自己挡在了外面。承认自己的恐惧和焦虑,是克服恐惧和焦虑的第一步。

回想一下,当你回避自己的感觉时,行动的勇气也会离你远去。扪心自问,正因为你不能够表达你的内心感受,有多少次错失良机,有多少次和友谊或爱情擦肩而过,有多少与工作机会或新奇体验失之交臂?把感受表达出来,可能会给你带来翻天覆地的不同,却因为迟疑和困惑,这些话语被囚禁在心底。过后你回想起来,会说"我太紧张了"。最伤感的话语莫过于有人说"要是当时这样做就好了",细究起来,焦虑通常是导致这些遗憾的原因。

我们都知道,焦虑时伴随着身体上的反应:掌心冒汗、额头发凉、腋下出汗;手和膝关节发抖、胃部收缩;颈部、嘴唇、下颚或太阳穴的肌肉紧张;声音颤抖、破音;心跳加快;口舌发干;呼吸急促;消化不良、偏头痛、身体虚弱。在这些情况下,我们完全没法做自己想做的事情,也不可能发展良好的人际关系。一位学员描述了她所体验到的焦虑:

绽放最好的自己
—— 如何活成你想要的样子

我来自一个情感不轻易外露的家庭，家人之间从来不会直接表达自己的想法和感受。从孩提时代起，我就学会了如何说父母想听的话。我对父母之命言听计从，努力成为他们期望中的好孩子。我把这种行为模式带入婚姻生活中，结婚七年来我努力当好"模范妻子"。我的丈夫因工作需要，经常出差在外，经常一走就连续几个月不回家。在这些独处的日子里，我开始意识到我一直过着没有自我的生活，我的存在只是别人的附庸和影子而已。我对自己的感受感到非常困惑。我试着去压抑这些感受，因为我对自己有这样的想法感到愧疚。我不是已经拥有一切了吗，为什么还感到愤怒和不满呢？我开始有偏头疼，脸部和手脚也常常发麻，开始失眠，我把自己藏在衣柜里哭泣，以免孩子们听到。我开始寻医问药，确信自己患了脑瘤或多发性硬化症等晚期病症。当所有的检测结果显示都是阴性，我担心自己得了精神疾病。幸运的是，我被转介到一位治疗师那里，他让我知道自己正受到"焦虑的攻击"。因为我无法用言语将自己内心的强烈感受表达出来，我的身体就用各种可怕的症状来帮我表达。当我开始学会认清我的感受，接纳这些感受，并恰当地表达出来，身体症状就消失了。

许多人会弱化焦虑及其带来的影响。他们认为，只要继续正常地生活，不去管是什么引起的焦虑终究会消失，他们就可以回到生活正轨上，权当什么事情都没有发生过。如果真的如此，确实没有必要去正面应对焦虑。实际上，像焦虑这样的感受是不会自动消失的。如果我们不去解决那些引发焦虑的问题，事态会相当严重，如同之前呈现的例子一样。如果你继续无视焦虑的警示信号，你会倾向于以一种不真实的方式回应，没法成为真正的自己。最终，你会失去与自己内心的联系，与周围世界变得疏离。

积极看待焦虑

与其让焦虑俘获你，不如把它转化成一个成长的契机。甚至当你感到焦虑时要为之兴奋，因为这预示着一个挑战，引领你进入新的发展阶段。

丹麦哲学家克尔凯郭尔在他的《恐惧的概念》一书中这样写道："焦虑通常被理解为通往自由。"自由是人格发展的目标，克尔凯郭尔把自由定义为可能性。但是无论何时你对可能性进行描绘想象，焦虑都是与可能性相关体验的一部分。越多的可能性，就会有越多的潜在焦虑。自我的发展取决于面对焦虑的能力，并且能够以一种有效能的方式在焦虑中前行。

将焦虑的存在视为积极成长的一次契机，可以帮助我们以一种全新的、更有效能的方式来看待焦虑。以下是三个有益的步骤：

1. 识别并接受焦虑

请记住，焦虑对你而言，意味着成长和扩展自我的可能性，这是一个自我发展的潜在机会。让我们为焦虑的存在感到兴奋和激动吧，以一种更有建设性的方式去面对它。

2. 下决心采取行动

想出更有建设性的方式去面对焦虑。做好冒险的准备。你肯定会有所收获，因为从长远来看，如果你没有以有效负责的方式去应对焦虑，风险就更大。如果你决定去行动，可能要冒着失败或者遭到别人反对的风险，但是如果你决定不行动，在自我价值感上付出的代价会更大。

3. 采取行动，解决引起焦虑的问题

只在头脑层面思考如果你做了某事会怎么怎么好，那是远远不够的——你必须行动起来。行动才能赋予你力量和勇气。你会更加充满自信地迎接其他可能引发焦虑的情境。

在你和他人的交往中，焦虑还有另一方面的因素。当今，许多人体会到焦虑是因为，他们在人际关系中看待自己的视角发生了变化，意识到无须让自己一味迎合别人的期待。许多焦虑来自我们想成为什么人和别人对我们的期待之间的冲突。如果我们按照别人的期待去行事，会得到别人的赞同，反之有可能遭到别人的反对。一些学员谈到他们的体会：

我已经改变了，但是别人以为我还是老样子，因此我感到需要按照以前的老方式和他们打交道。

我发现，和新结交的朋友在一起时，我更容易按自己所想的

第八章
应对焦虑

去做。

要改变真的很难，除了我自己，似乎没有人希望我做出改变。

许多人发现，自己害怕遭到别人反对，很大程度上是没有根据的。他们发现当自己鼓起勇气自我敞开，活出真实的自己时，别人更加敬佩和尊重他们，更愿意和他们交往，甚至更加喜欢他们。别人会敬佩他们承担风险勇往直前的勇气，甚至将他们视为自己生活的楷模。有一位学员曾收到朋友给她寄来的一封信：

这周五我从学校毕业了。太令人兴奋了！也许你不知道，正是你的坚持和顺利毕业，激励我渡过许多难关。你能坚持完成学习，我想我也可以做到。

更为重要的是，当你鼓起勇气经历越来越多的困境时，你会发现自己越来越独立，不需要依赖别人的肯定和评价。随着你面对焦虑情境的能力逐渐增长，你开始越来越相信自己的感觉、判断和感受。

你可以选择如何应对焦虑

每当你感到焦虑时,你都会做出选择如何来应对它。要么否认焦虑的存在,选择忽视、逃避、躲开,或者期待焦虑会自行消失;要么承认焦虑的存在,采取行动解决引起焦虑的问题。

以下是两种情况下的不同结果:

不采取行动	采取行动
回避焦虑意味着你不愿意为自己的需求负责	应对焦虑是一种自信、负责、有效能的行为
问题得不到解决,你会经常被更多和更深的焦虑所困扰	你是真实的,焦虑会消散,内心的挣扎消失,问题获得解决
你的自尊受挫,对自己失望,甚至对自己感到愤怒	你的自尊和自信增强,对自己感觉很好
内心冲突持续,只是新增了一个失败的行为方式,依旧重复原有模式	你干劲十足地去面对其他更加困难的情境
无法增强自我觉察	有更多自我觉察
你无法成长,限制自己的发展,不允许自己去体验新事物	你扩展了自己,有更多可能性,更能自我指导
你失去展示自我的机会	你感到充满创造力,自我的新层面也展露了出来

（续表）

不采取行动	采取行动
不仅没能避免冲突，反而引发更多冲突	你解决了内心冲突，得以前行
随着时间推移，你变得更加孤僻、不善社交	随着时间推移，你变得更合群，更加善于社交

你的焦虑层级

正视焦虑的第一步是，列出一个焦虑层级表，把一些生活中让你产生焦虑的情境按优先级别罗列出来。列举生活中十个让你感到焦虑、无法采取行动应对的情境。首先，简单记下情境。然后，按焦虑程度排序，引发焦虑程度最轻的情境排在第一位（即你目前觉得自己相对有把握解决的），引发焦虑程度较轻的排在第二位，以此类推，引发最高焦虑的情境排在最后。这些情境可以是各种各样的，关于个人、工作、社交等。

下面是一个焦虑层级表的例子：

1. 告诉我的朋友我很感激他；
2. 让家人帮忙分担一些家务；

3. 邀请一些我想结识的朋友共进晚餐；

4. 告诉邻居我不想接受他们的宴会邀请；

5. 与配偶讨论彼此之间的冲突；

6. 和陌生人聊天；

7. 和父母谈自己对他们的看法；

8. 告诉某个人，她所说的话让我受到伤害；

9. 尽管知道自己的观点可能不受欢迎，但还是在一个重要会议上说出来；

10. 向一大群人发表演讲。

你的焦虑层级表可以帮助你从焦虑水平较低的情境开始。当你成功地应对第一个情境，你可以逐渐向更高层级迈进。表中所列的各种情境可以为你提供许多进行自我敞开的机会。千万别忘了，要使用清晰、真诚、非责备的"我信息"，必要时换挡到积极倾听。

减轻焦虑

有时你会觉得自己的焦虑水平很高，以致什么也做不了。事实上，焦虑可以被减轻到一定水平，这样我们可以自我敞开，达

第八章
应对焦虑

成自己的重要需求。你的目标不是一股脑消除所有焦虑。这是不可能的,甚至也是不可取的。保持适当的焦虑能让我们有动力去学习和计划,并获得成就。

我们想要去控制的是那些适得其反的过度焦虑,这样我们能够去应对内心冲突,为实现个人效能做计划,避免被不必要的担忧和紧张所束缚。有效减轻焦虑需要三个基本步骤:准备、演练、放松。

准备

当你列出自己的焦虑层级表之后,你很可能会发现,表中列出的好几种引发焦虑的情境,都是由于缺乏准备造成的。进入一个全新的环境,或者和陌生人接触时,总会让我们产生一种惶恐不安的感觉。对许多人来说,当众发表演讲,或者和比自己年长且经验更丰富的人待在一起,很容易产生焦虑。

自己事先做好充分的准备,能大大减轻这些情境引发的焦虑。预先想好你要说什么做什么,打算何时何地行动,等等。花点时间设想一下,别人会做出什么反应。

假设你打算和老板谈谈加薪的事情。一想起这件事,你就紧张,胃部肌肉缩紧,手心出汗。与自己先进行一段对话也许是个不错的主意:

> 可能出现的最糟糕结果会是什么呢?为什么这件事让我如此

绽放最好的自己
—— 如何活成你想要的样子

紧张?是否因为我还不确信自己够不够加薪条件?嗯,大概就是这个原因。但是为什么我会这么想呢?可能是因为我没有大学文凭,学历比别人低吗?可是这份工作并不需要大学文凭。何况,我最近还帮公司签了两个大单子……老板对我的工作业绩非常满意,表扬了我好几次。我觉得我是值得加薪的,而且早就如此了。

下一步就是挑选最佳时间和地点跟老板谈。你心里清楚,如果选择在正常工作时间内且在办公室里谈,很可能被打进来的电话频繁打断。因此,你觉得最好选择早餐或午餐时间。根据你想表达的要求,你列出一个粗略的大纲。你可以收集一些理由来支持你的观点。你可以使用"我信息"来表达,比如"我对自己的工作很满意,我希望得到加薪",听上去很自信,也更加有效。远远胜过防御性的表达,比如"你说过如果我工作出色的话,六个月后就能得到加薪,现在差不多快一年了……"

考虑一下你提出要求后可能出现的结果,预测你的老板可能会做出的种种反应。你又将如何去应对这每一种反应?可能在适当时机要积极倾听对方,有时要提供补充说明,有时要回答对方问题。在脑海里反复温习可能出现的场景,直到你开始感到舒服了为止。

以下描述来自一位参加课程的女士,表明提前做准备十分重要:

过去,我和我父亲之间的交流形成了一种模式。每当我面质

第八章
应对焦虑

他时,我会说尖酸刻薄的话来伤害他。当他表达一些批评性意见时,比如评价我孩子的行为举止,或者数落我和我先生乱花钱,或者评价我竟然会看某些书,我都会火冒三丈反唇相讥,丝毫没有考虑我在说什么或者我为什么要这么说。结局总是如出一辙:我们大吵一架,他愤然离席,我感到愧疚和心酸。现在我停下来并且思考——尽管这很难——我试着梳理我的真实感受是什么,为什么会有这种感受。这帮助我发现导致我和父亲总是以这种方式互动的深层原因。现在我积极倾听他,并传递内外一致的信息。我们可以共同解决冲突,我们之间的关系进入一个新的境界。

一位参加课程的男士描述了自己在工作中如何应对焦虑情境:

我总是害怕面质下属。其中有一位下属是我多年的朋友,你懂的。他已经在公司里工作了二十多年,不过总是把事情搞砸。我想我有两个担心:如果我面质这位下属,他会感到备受打击,因为他一直很尊重我,我担心可能会伤害到他,甚至他可能会提出辞职;我的另一个担心是不希望被当成专制的老板,我崇尚的价值取向是民主开明。我也担心自己特别生气的时候,会说出一些让自己后悔的话。但是,终于我还是觉得之前对他的接纳和信任似乎没有奏效。我觉得他利用了我的包容和信任,越发有恃无恐了。于是我对自己说:"事态发展到今天,已经超出了底线,应该跟他当面摊开说了,哪怕会有一定的风险。我觉得自己好失

绽放最好的自己
—— 如何活成你想要的样子

败,关系也失衡了,我的需求没有被照顾到。"有一天,他来跟我说他没办法完成项目之类的话,说什么"这个工作对我来说太难"以及"我没辙了"。我告诉他,对我来说,我们的关系已经变得不公平了。一方面他照拿薪水以及公司提供的养老保险,另一方面他甚至没有能力完成一个项目。我已经受不了这种反差了。我告诉他,这种关系是不公平的,我的需求也没法得到满足,公司的需求也没法得到满足。自从我面质他之后,他开始努力工作,已经差不多完成这个项目了。

充分的准备也需要合理安排好个人时间。如果你承担一项任务或一个项目,要现实合理地规划时间表。如果你和配偶打算一个月后举行大型晚宴派对,你可能会从派对时间倒推,以这样的方式来进行计划,画一个简单的流程图,排列出具体准备工作孰先孰后,这样你才可以有条不紊地进行准备,确保有关派对的准备工作融入日常生活,不会发生冲突。

当你碰到一些较大较复杂的问题时,一个好的办法是将它细化,分解成一个个比较容易解决的小问题。这样一来,你不会在一开始就被这个大问题给压垮。一位学员告诉我们:

这种解决问题的方式提供了一条实在而具体的路径,帮助我去克服障碍。我把问题分解成一个个更小的问题,就能更从容、更自信去逐一突破。

当然，不是所有的事情都能提前做好准备。我们许多宝贵的体验，以及和他人美好的互动，都是计划之外、不期而遇的。不过即使对于这些实在无法预先准备的事情，我们也可以花点时间在脑子里过一下自己的需求是什么，这样才能言之有据，适度降低焦虑。让自己提前做好准备，可以锻炼你掌控那些对自己而言重要的事，而不是让别人来掌控你的生活。

演练

在我们一生中，我们总要不断学习新的技能——比如开车、打乒乓球、学外语等——我们接受这样的事实，要掌握这些技能是需要一定练习的。这一原则也同样适用于学习人际交往的技能。时下有个流传广泛的误解，认为人际交往技能是与生俱来的，如果我们和别人相处不好，那肯定是我们天生能力有限。事实上，并不是这么一回事。沟通是相当复杂的，需要灵活性和协调性，这些都需要通过练习获得。

演练是准备就绪后紧接着的练习阶段。这是检验之前准备计划的机会，让潜在问题暴露出来后得以补救，防患于未然。

演练与他人的沟通过程可能有许多方法，既可以一个人对着镜子练习，也可以找其他人进行角色扮演练习。

有些场景，比如面试或找老板谈加薪，可能需要更多演练。你可以邀请一位朋友扮演面试官或老板。另一位朋友可以担任评估者的角色，对你的表现提供评估。通过和别人练习设想好的沟通过程，让你有机会获得有关对方感受和反应的反馈。你就能够

绽放最好的自己
—— 如何活成你想要的样子

据此去调整自己的计划。有些人会录下演练的过程，过后进行研究琢磨。无论你使用哪种方式，练习结合评估能帮助你大大降低焦虑，具体体现在以下几点：

缓解实际沟通之前累积起来的紧张感；

根据演练时收到的外界反馈，改进行动计划；

演练时的成功体验能放松心情，增强自信。

角色扮演的演练，能帮助你应对许多引发焦虑的情境，比如：

向亲戚借钱；

以个人名义向商场投诉产品质量问题；

工作面试；

拒绝朋友的不可接纳请求；

向同事提意见；

为慈善组织募捐；

向老板汇报工作；

面质配偶的某些行为给你带来负面影响；

进行一次重要的演讲。

你可以仔细检查一下你的焦虑层级表，然后决定哪些情境你可能想提前进行演练。

放松

焦虑不仅是一种心理感受，还是一种生理反应，因此可以通过聚焦伴随担忧和紧张的身体症状，来直接感受焦虑。通过肌肉放松，可以大大地缓解焦虑的身体不适。

理解焦虑的生理基础，有助于控制焦虑。你会欣慰地发现，你对自己身体的掌控，超过原先想象的程度。你的身体通过变得紧张来控制你，与此类似，你也可以通过学习如何让身体放松，反过来掌控你的身体。一旦学会了如何深度放松自己的身体，你就能够消除焦虑带来的身体不适了。尽管你可能没办法做到泰山崩于前而色不变，但是手抖、胃疼、颤音都能得到充分控制，因此你得以充满自信地去继续实施你的计划。

肌肉放松指的是交替性地收紧和放松你的肌肉。学会深呼吸是另一个行之有效的方法。你很可能注意到，人在紧张的时候，呼吸变得又急又浅，之后出现肌肉紧张造成的喘气。浅层呼吸让你的肌肉紧张，练习深呼吸则有助于缓解你的焦虑（完整的放松练习参见附录）。

在努力克服焦虑的过程中，我们别忘记，内心的冲突是焦虑的罪魁祸首，辨识这些冲突，觉察焦虑，以开放的心态面对焦虑，我们才能找到解决之道。

第九章
CHAPTER 9

冲突：谁输？谁赢？

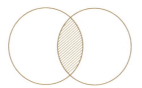

冲突：谁输？谁赢？

> 冲突看上去似乎总是以极端的形象出现，然而事实上，我们缺乏对冲突之下需求的认识，也缺乏恰当方式防止冲突所导致的危险。冲突的最终破坏性形式是可怕的，但是那并不是冲突本身。恰恰相反，那是回避和压抑冲突的最终结果。
>
> ——简·贝克·米勒（Jean Baker Miller）

我们已经学习了有关自我敞开、提升个人效能、关注个人需求的态度和技巧，从而有助于建立自信，获得自尊，为自己的生活负责。原则上，这些技能帮助你达成个人需求，有时用于自己身上，有时用于和他人的合作中。

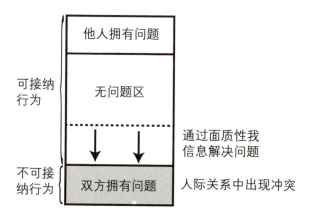

有时通过自我敞开，你会发现别人的需求与你的需求之间存在冲突。面质性我信息尤其能引发这样的冲突。这些冲突会出现在行为窗口的"双方拥有问题"区，或叫作"关系拥有困扰"区。

何为冲突

我们所说的"冲突"到底指什么？词典里提供的同义词有"相反""当面冲撞""意见不合""分歧""误解""争吵"，等等。对许多人来说，"冲突"意味着"愤怒""咄咄逼人""敌意"，这些都暗示着冲突是消极的，没有积极的一面。然而，冲突是人类生活中不可避免的、必要的组成部分，冲突既出现在个人需求和个人发展过程中，也发生在人际交往过程中。本章我们将讨论的是后一种冲突。

人际交往过程中存在许多冲突，我们可以把它们分成两类：那些在需求受到干扰时爆发的冲突，称为需求冲突，而那些因为彼此价值观不同产生的冲突是价值观冲突（我们会在第十一章讨论如何应对价值观冲突）。

在需求冲突中，一方可以清楚地理解另一方有需求没有获得满足，也明白这些需求是重要的、合理的。显然，这些需求越是具体实际，越是有可能被对方承认接受。

下面的例子是一些产生需求冲突的情境：

第九章
冲突：谁输？谁赢？

家里只有一台电视机，你儿子和你在看什么电视节目上总是意见不同。

你和你的同事同时需要用公司的会议室开会。

你和你的配偶有点积蓄，你的配偶想买辆新车，你想投资房地产。

你女儿和你都想用车，而且用车时间在同一个晚上。

你想尽快要个孩子，你的配偶则打算再等上几年。

你的同事经常在共用的办公室里抽烟，烟呛得你又咳嗽又打喷嚏。

你的男/女朋友提出想结婚，你却想继续未婚同居的生活。

你离婚了，有两个孩子。你的前夫/前妻不同意共同抚养孩子。

抽一点时间想想，列出你生活中一些属于需求冲突的真实情境。在我们的效能训练课程里，会教具体的方法来提升解决冲突的效能。但是，首要的是要理解在人际交往中我们为什么害怕冲突，并觉察我们一般会怎样处理冲突。

我们为什么回避冲突

为什么许多人害怕发生冲突？或许可以这么解释，相比内心的冲突，在生活中与他人发生冲突会引起更多的恐惧和紧张。我们无法知道结局如何，我们不想失去什么，我们害怕无法控制自己，我们害怕这会损害人际关系。

对女性来说，冲突这个话题尤为重要。大多数女性从小被教导，冲突就像愤怒和焦虑一样，要被否认、回避、压抑的。我们经常听到人们这么说：

我们从不打架。

我要尽量维持家庭和谐。

结婚这么多年，我们从来没有发生过重大分歧。

这些话等于在说，他们的冲突没有被公开来摊在台面上说。他们的选择是，要么干脆不承认冲突的存在，要么以间接的方式处理。事实上，如果不能公开直接地面对冲突，会给人际关系带来更多愤怒和焦虑。因此，冲突并没有得到解决，而且可能以不愉快的方式收场。

冲突：谁输？谁赢？

许多人都在生活中的不同阶段有过类似的痛苦经历。一位女士谈起自己面对冲突的恐惧，可以追溯到儿时的经历：

我的父母之间经常发生冲突。无论什么时候、什么地点，他们会毫无征兆地爆发冲突。我记得自己躺在楼上的床上，听到他们争吵的声音越来越大，我会把头埋到枕头里，让自己听不到他们的声音。

回想一下你童年时期最早接触到冲突的体验。仔细思考你的父母如何处理他们夫妻俩之间的冲突，如何处理他们和你之间的冲突。

许多女性习惯扮演矛盾调解人的角色，确保每个人都能开开心心。她们经常介入别人的冲突当中，让每个人都不受到伤害和刺激，正如一位学员所谈到的：

我的丈夫生气教训孩子时，我会立刻跑过去保护孩子，或努力靠我自己的力量来解决问题。结果我丈夫对我很生气！

我注意到，在最近的商务会议上，我常忘记表达我的观点，而当人们争论起来时，我会自动成为他们的调停人。

人们，尤其是女性，努力避免公开冲突的主要原因在于，过去所经历到的冲突经常以不公平不愉快的方式结束。我们没有把冲突看成是需求没有得到满足的表现，而是把冲突与权力斗争联系在一起。这样终究会有一方输，一方赢。因为我们当中的大多数人自然希望拥有平等互惠的人际关系，权力斗争似乎可以帮助我们重新达到人际关系的平衡。但是，权力斗争会不可避免地导致一方或双方都觉得自己很失败，因为他们会觉得自己的需求没有得到满足。

下面让我们仔细分析一下权力，以及人们解决冲突时常用的非输即赢法，然后再介绍我们提倡的不使用权力的双赢法（或第三法）。

用权力解决冲突

我们这里所说的"权力"，是指一个人对他人所需资源有控制权，使用（或威胁使用）这种控制权，让他人去做他/她并不愿意或不想做的事情（注：这里的权力和个人权力的积极意义有所区别，个人权力的积极意义指优点、能力、掌控自己生活的勇气，以及能够自我驱动去实现自身需求）。

资源是指我们为了生存所需要的东西，资源能让我们的生活更加满意和充实。资源包括了一些具体的东西，比如金钱（以及钱能买到的东西）、食物、住房、信息等，也包括无形的东西，比如爱情、赞同、认可、肯定等。

当人们拥有这些能够满足他人需求的资源时，他们就处在一种能决定给予资源或拒绝给予资源的位置上。他们能够决定奖赏

冲突：谁输？谁赢？

或惩罚他人的行为。惩罚或撤销奖赏，会引起身体或情感的痛苦，比如打孩子或开除员工。通过威胁使用惩罚来控制他人行为，和实际使用惩罚的效果是一样的，会对人际关系带来伤害。

当一个人特别依赖另一个人来满足自己的需求时，用权力解决冲突往往能起作用。比如：

小孩子几乎完全要依靠父母才能生存下去。

工作能力不强的雇员非常依赖他/她的上司。

没有独立经济来源的妻子，要依靠丈夫生活。

对于那些相互依存的人际关系——比如，我需要你和你需要我的程度或多或少比较对等——运用强制性权力就不那么奏效了。

强制性权力可以直接地运用，也可以间接地运用。尽管我们通常认为权力总是张扬外显的，但权力也有很多微妙的、操控性的间接运作。人们常常间接地运用权力，来对抗对方的直接运用权力。那些手中无权没有资源的人们，那些习惯于避免冲突的人们，那些害怕直接面对冲突的人们，都会倾向于采用间接、微妙的权力运用方式。

尤其许多女性认为自己不是那种在人际关系中动用权力手段的人，但实际上，她们只不过没有直接公开地使用权力罢了。下面是间接使用权力的一些例子：

绽放最好的自己
—— 如何活成你想要的样子

夫妻中一方觉得太累，不想做爱；

丈夫拒绝讨论问题；

丈夫一想交谈，妻子就开始哭泣；

夫妻中有一方在一起旅行之前开始生病；

一位员工"忘记"完成重要的工作。

无论直接还是间接施加权力，我们几乎都遇到过类似的情况，要么是别人向我们施加权力，要么是我们对别人使用权力。一位在某个城市大医院工作的护士长这么说：

在工作中，我觉得自己很有权力，无论是在病人面前，还是面对我手下的护士们，一旦他们有任何异议，我都会毫不犹豫地让他们瞧瞧谁才是老大。但是在家里，却是我丈夫说了算，我发现自己会屈从于他的意志来避免争执。

在大多数人际关系中，都存在不同程度的权力差异。其中一方拥有权力来达成自己的需求，但是以牺牲另一方的需求为代价。如果在冲突的情境下其中一方使用权力，通常会导致一方赢另一方输的结果。输掉的一方就很想在下一次冲突中扳回一局，让对方输掉。于是就形成一种恶性循环，结果可能会逐渐侵蚀彼此的

第九章
冲突：谁输？谁赢？

关系。

当男性和女性讨论他们彼此之间的关系时，经常会提到最常运用的两种权力：金钱和性。一位当电视编剧、四十多岁的男性，这样告诉婚姻咨询师：

我给了我妻子所有的东西……一栋漂亮的房子，一部属于她的汽车，以及所有她想要的东西。然而，她突然想回学校去攻读学位。她已经快四十岁了，你相信吗？我拒绝为她付学费。我想我得阻止她干傻事。因此，她给自己找了份工作，晚上去读书。她会离开我吗？我觉得，似乎我在家庭和婚姻里不再拥有什么了。我真的不明白。我已经给了她所有。

有位女性，她的丈夫是一家大公司副总裁，她这样告诉我们：

我的丈夫追求职场晋升，夜里工作到很晚或把工作带回家。这让我感到自己被忽略了，完全被搁在一边。他曾为我的容貌引以为豪——我曾经是一位模特——于是我开始不顾我的外表和体重。当他上床的时候，我假装已经睡着。当然，我做的这些事情都是为了惩罚他。虽然现在我们已经解决这些问题了，但是我想告诉你，那段日子我们过得特别艰难。

解决冲突的典型方式

在效能训练课程里,把非输即赢的冲突解决方式称为"第一法"和"第二法"。这两种方法的基础都是使用权力,都会导致非输即赢的结果——总会出现一个胜利者,一个失败者。这两种方法中的任一种,都无法让隐藏的冲突以积极的、建设性的方式呈现出来。尽管人们通常会倾向于选择其中的一种方法,但是本质上毫无区别。接下来让我们逐一细细讨论。

第一法:我赢,你输

这种情况下,你在人际关系中运用你的权力,以牺牲别人的需求为代价,让自己的需求得到满足。你达到了自己的目的,你的解决方案得到实施。结果,你也招致别人的不满,如下图所示(图中的正负号代表拥有奖赏和惩罚的权力):

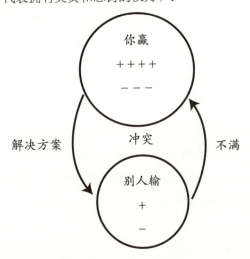

第九章
冲突：谁输？谁赢？

当你使用第一法解决冲突时，别人对你的反应显然是可以预见的（第一法的许多特点和第三章提到的咄咄逼人行为方式相同）。因为别人的需求没有得到满足，他们会感到这种解决问题的方式是不公平的，所以你经常会招致别人的下列反应：

他们开始怕你。

他们指责你，在背后说你坏话。

他们试图破坏你为达成需求所付出的努力。

他们结盟，和你的权力抗衡。

他们开始讨厌你，尽量躲开你。

他们对你撒谎。

他们在你面前不说自己的真实感受，专门说你想听的话。

他们会无视你的命令，偷偷地去实现自己的需求。

他们千方百计想讨好你。

他们不再跟你沟通他们的重要需求。

以牺牲别人的需求为代价来满足你的需求，别人会对你心生怨恨，因此会破坏彼此的关系。他们会不再和你产生公开直接的冲突，因为他们知道你会用你的权力去获胜。由于冲突并没有得

绽放最好的自己
—— 如何活成你想要的样子

到令人满意的解决，就会以各种不同的方式一次次出现，原因是别人的需求没有得到满足。

下面是使用第一法的一些例子：

1. 你的一位下属希望得到提升，你拒绝考虑他的请求。
2. 你儿子很想跟他的朋友周末旅行，你不同意他去。

对他人施加权力的行为经常得到辩护，或许因为这保证了"适者生存"。这个主张背后的基本观点是，弱肉强食是自然法则。大自然和神、命运一样，常常被要求为利己行为辩护，然而没有任何科学证据或其他证据显示，在人类关系的架构中，弱者需要被强者统治。相反，倒是有足够的证据显示，在人际关系中使用强权，通常对双方都会造成消极影响。

婚姻咨询师告诉我们，无论时间长短，很少有婚姻能够经受住一方控制另一方所带来的压力。迟早会发生"火山效应"，长期处于弱势的一方累积的怨恨会爆发出来。情况还可能是，被支配的一方悄无声息地撤退，直到有一天完全"不在"。他/她可能表面上做出顺从的姿态（"是的，亲爱的，无论你说什么都好"），但是所有的生命体征和个性标记，已经隐藏起来。

冲突：谁输？谁赢？

认识权力的影响

请花点时间回忆权力对你的生活带来的一些影响，问问自己下列问题：

别人对我施加过什么类型的权力？现在这些权力仍然用在我身上吗？

我的老板？

我的配偶？

我的孩子？

我的朋友？

我的父母？

对这些向我施加权力的人，我有什么感受？

在我与他人的关系中，我最常使用哪种权力？是否仍然在使用？

当我对别人使用权力时，我有什么感受？

第二法：我输，你赢

在这种情境下，虽然你拥有权力（或者双方权力对等），你允许对方满足他／她的需求，但是以牺牲你的需求作为代价。你做

出了退让。对方的解决方案得到实施。现在,轮到你对对方产生不满,如下图所示:

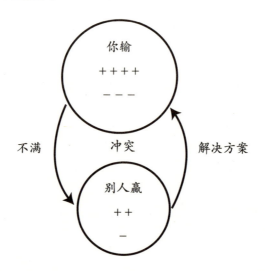

那些想要极力避免冲突的人通常会采用第二法,他们希望获得和平,不惜一切代价。问题是他们以昂贵的代价换取了和平。和第一法不同的是,第二法的结果是你产生消极情绪(和第三章所描述含糊隐忍行为方式带来的感受一样)。因为你的需求没有得到满足,你可能会产生以下反应:

你对他人心生怨恨。

你会破坏他们的努力,阻碍他们实现自己的需求。

你会渐渐与他人疏远。

冲突：谁输？谁赢？

你会因为自己的需求没有得到满足，而变得沮丧和焦虑。

你会尽量避开今后的冲突。

你开始变得冷漠、麻木和抑郁寡欢。

你时常会悄悄通过其他方式来满足自己的需求。

你决定今后要实施报复，把输掉的赢回来。

你看轻自己，自尊降低，别人也看轻你。

因为你的需求没有得到满足，冲突仍然没有解决，会持续存在并以其他方式表现出来。

第二法在之前提到的两个例子中，会出现这样的结果：

1. 尽管你觉得你的下属不够资格，你还是给他晋升。
2. 你同意了儿子的请求，允许他和朋友们一起出去玩。

没有输家的第三法

我们提倡一种双赢的冲突解决方案，取代非输即赢的第一法和第二法。这种方案不主张使用权力。基本理念是，人际关系当中的冲突可以用开放坦诚的方式来解决，双方都可以满足自己的需求，获得双赢。我们称这种双赢的冲突解决方法为第三法。这种方法能让双方的需求都得到满足。

第三法需要双方承诺不使用权力，不以牺牲对方需求为代价来满足自己的需求。因为绝大多数人早已习惯于用非输即赢的方式来解决冲突，改变起来并不容易。对那些在众多人际关系中都拥有很大权力的人来说，这种转变尤其不容易。

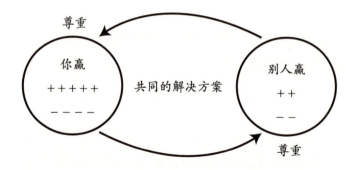

当我们有勇气对周围亲近的人做出这样的承诺时，结果会让人超级满意。运用双赢的第三法，带来的好处有：

1. 允许冲突发生，允许冲突被表达，并以公平、有建设性的方式获得解决。

2. 人们开始意识到冲突会带来令人兴奋的、有趣的变化，于是开始积极地看待冲突，开始积极地处理冲突，不再逃避冲突。

3. 每个人都为自己的需求负责，同时不以牺牲别人的需求为代价（不愿意输的觉醒是关键因素）。

4. 人们会更加愿意应对更为根本的、真正的矛盾，而不是浮于表面。

5. 冲突得到公平的解决，同类的问题就不会反复出现。

6. 在各方的参与下，每个人的创造性思维得以发挥，集思广益，产生更好的冲突解决方案。

7. 双方都会更加乐于执行方案，因为他们都参与共同制定解决方案的过程，不会有被解决方案强加于身的感觉。

8. 人们之间变得更加亲密有爱，而不会产生怨恨和敌意。

9. 别人也会将这种冲突解决方式视为典范，应用到其他人际关系当中。

回到我们之前提及的两个例子，采用第三法来解决冲突可能的（还有其他许多可能性）结果是：

1. 你和你的下属进行会谈。你们各自陈述了自己的感受和需求，并倾听对方。经过充分讨论后，你们双方达成共识，认为现在晋升还为时过早，你们一起制定了目标，约定六个月后重新考虑这个问题。

> 绽放最好的自己
> —— 如何活成你想要的样子

2. 你和你儿子坐下来，分享了彼此的感受和需求，并倾听对方。你们俩达成共识，你儿子可以去玩，但是前提是必须有一位家长或哥哥姐姐随同。

积极地看待冲突

如果我们把冲突的存在看成是需求未被满足的表现，而不是看成赢得上风的争斗，我们就可以从一个全新的角度来看待冲突。冲突可以是健康的。冲突可以成为我们生活中的积极力量。冲突可以作为进行内外一致沟通的一份邀请，进行开放坦诚对话的一次机会。冲突能通过消除误解，让事实得以澄清，让彼此相互靠近。

通过发现冲突、参与解决冲突的过程，人们自身得到发展和完善。事实上，意见不同也许比起意见一致对我们帮助更大，更能促进关系的健康变化和发展。没有冲突，就没有变化和进步。生活将是沉闷、静止、乏味的。

正如愤怒和焦虑可以被看成是有用的，冲突也可以被更加积极地看待。人们可以通过有效处理焦虑获得成长和发展，同样的，人际关系也能随着冲突的有效解决而获得发展。因此，学习处理人际关系冲突的有效方式，是非常重要的。

第十章
CHAPTER 10

没有输家地解决冲突

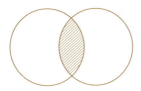

第十章

没有输家地解决冲突

> 你和我之间有一个需求冲突。我尊重你的需求,但是我也必须尊重我的需求。我不会把我的权力强加于你,使得我赢你输,但是我也不会退让,以牺牲我作为代价让你赢。因此,让我们共同寻求一个解决方案,既能满足你的需求,又能满足我的需求,这样将没有输家。
>
> ——托马斯·戈登

通过以下六个步骤,可以达成没有输家的冲突解决方案。

1. 界定问题;
2. 想出可能的解决方案;
3. 评估方案;
4. 选择双方都能接受的方案;
5. 执行方案;
6. 评估方案实施情况。

为使用第三法做准备

在具体描述以上步骤、说明如何在实际情境中进行第三法之前,请记住以下一些基本的指导思想。

1. 每个人都必须承诺,在寻求冲突解决方案的过程中,不使用各自的权力。

要认清在哪些人际关系中可以自由地使用第三法。显然,在那些对方拥有权力优势的人际关系中,开展第三法或许是有难度的,甚至是不可能的。

而在你拥有权力优势或双方权力对等的人际关系中,使用第三法就容易多了。下面是一些你拥有权力优势的人际关系。

你	对方
父母	孩子
老板	下属
老师	学生

以下是一些双方权力对等的人际关系。

你	对方
朋友	朋友

没有输家地解决冲突

（续表）

你	对方
亲戚	亲戚
配偶	配偶

下列关系属于对方拥有权力优势的人际关系，可能他们会不愿意放弃自己的权力来解决问题，第三法可能没法得到运用：

你	对方
下属	老板
学生	老师
妻子	丈夫

许多人尤其是女性，会发现自己身处的人际关系中，往往是对方拥有权力，并使用权力以达到对方的目的。

除了继续让自己在冲突中成为输家，甚至结束双方关系，你还可以做什么呢？有些人坚决反对使用手中的权力，而另外一些人习惯于通过权力解决问题，因为他们不知道除了屈服退让，还有其他解决方式，而且他们也不喜欢使用其他解决方式。

为了鼓励别人和你一起来进行第三法，你需要做出邀请，表达这样的预防性我信息：

我很想看看是否还有其他方式可以解决这个问题。我们可以

绽放最好的自己
—— 如何活成你想要的样子

坐下来谈谈，共同寻求一个双方都满意的解决方案吗？

我在效能训练课程上学到一些方法，很让我激动振奋。我很想在我们的关系中试试看。你愿意吗？

我非常重视我们的关系，我真的想尝试使用一些新的方式来解决问题。我很想和你聊聊这些新方式。

也可以运用强烈的面质性我信息，表达你作为输家的感受，或者表达当对方一直以牺牲你的需求为代价获胜时你有什么感受：

我感到很受伤、很挫败，你做出的决定中没有考虑到我，因为那意味着我没法实现我的需求。这让我觉得，你不在乎我想要什么。

当我告诉你我对预算的看法时，你变换了话题，这让我真的感到非常不满。我担心我的一些重要的看法会被遗漏掉。

我们总是得按着你的方式来做事，这让我不那么喜欢你，这让我想要报复你。

如果你能自我敞开，用不责备对方的方式表达自己的感受，同时在遭遇对方抵触时能换挡到倾听，你也许会获得对方给予积极反馈的意外惊喜。

2. 在同意使用第三法之后，每个人必须清楚地明白，你们是在寻求一个没有输家的解决方案。了解这六个步骤也是相当关键的。你可以告诉对方这六个步骤是什么，或者让对方阅读相关介绍。

3. 选择一个你们可以专注下来的时间。第三法可能会比较耗时，因为它是开放式的。在家里，周日下午也许是个比较适合进行第三法的时间。在办公室里，你们也许会提前一周约定一个对大家都合适的时间来谈。涉及朋友的冲突，可以选择你们一起吃午饭的时候探讨。

4. 一定要记下你们想到的所有可能的解决方案。如果是一群人进行第三法，可以记在黑板或记录板上。如果是两个人之间的第三法，有纸和笔就足够了。

没有输家地解决问题的六个步骤

步骤1：界定问题——从需求的角度来界定，而不是解决方案

这是目前为止在解决问题的过程中最关键的一步，通常也是最耗时的。只有清晰彼此的需求，才能进一步找到满足彼此需求的解决方案。最有效的方式是使用直接、坦诚和自我敞开的"我信息"表达，来陈述问题是什么。你对问题的陈述不能掺杂对别人的指责和评判。

在这一步骤中,你要考虑的是需求,而不是解决方案。要通过一些练习学会如何区分需求和解决方案,因为大多数人都倾向于表达针对需求的解决方案,而不说出需求本身。在还没搞清楚需求之前,我们就跳到解决方案那去了。针对一个特定的需求,经常会有许多可能的解决方案。下面是一些显而易见的例子,展示了需求和解决方案是有所不同的。

需求	可能的解决方案
交通	骑自行车,搭朋友的车,借辆车,乘公交车
更多自由时间	让家人分担部分家务,雇用钟点工,辞掉全职工作改成兼职工作,早点起床
锻炼身体	参加健身班,学打网球,开始慢跑,做家务
渴望生活更有趣	和朋友出去玩,开派对,计划周末外出郊游,玩游戏
有更多储藏空间	清理闲置物品进行甩卖,租赁储存空间,扔掉不用的东西,修建储藏室
充实精神生活	进修学校课程,读更多有趣的书籍,听讲座和辩论,订阅有趣的杂志和期刊

小提醒:有的人可能一开始带着某个问题,在别人对他/她进行倾听之后,会发现自己实际上是在谈论一个跟之前不同的、更

深层的问题。

留出足够的时间来准确界定问题或冲突。并且愿意采取换挡，在使用我信息进行自我敞开和积极倾听两者间来回切换。

在进入第二步之前，要确保你们双方在问题的界定上达成共识。如果你们之前没有使用过解决冲突的双赢法，通常会发现通过自我敞开和倾听，你们之间实际上存在不止一个冲突。把这些冲突都记录下来，决定处理的先后顺序，逐一解决。

步骤2：想出可能的解决方案（头脑风暴）

这一阶段是解决问题过程中的充分发挥创造力部分，你们可以这么说："让我们开动脑筋，找到一个建设性的解决方案。"通常很难立马就想出一个好的解决方案，甚至最开始想出来的方案不那么让人满意，但是这些方案可以激发出后续更好的方案。你可能需要在提出自己的方案之前，先问问对方有没有一些可能的方案。

为了获得最佳效果，你们双方最好能够做到以下几点：

把这个步骤当成是一次真正的创造性体验，自由地表达你所能想到的所有解决方法。

运用积极倾听，澄清或确认你们理解所有的解决方案，如果有可能就写下来。

避免评判或批评对方提出的解决方案。

在评估和讨论每一个方案之前，列出所有可能的方案。请记住，你们在力图找到最好的解决方案，而不是随便找一个。

如果这个过程进行不下去，可以从需求的角度重新界定问题。有时候，这样做可以重新推动进程。

当你们觉得已经耗尽自己的创造性思维，手头也有了一系列可能的解决方法，你们就可以准备进入下一步了。

步骤3：评估方案

这个阶段你们需要发挥批判性思维。在这些可能的方案中，是否存在一些不足？这些方案对双方公平吗？针对某个方案，是否看上去比其他方案更可行呢？方案无法开展的原因是什么呢？落实到行动上是否有难度？

划掉那些你们觉得无法满足双方需求的方案。

在你们评估方案的时候，有时会有新的想法冒出来，比其他方案都要好；或者突然想到可以对以前的某个方案进行一些调整，就可以产生更好的效果。在这个阶段，如果你们不能对这些方案进行评估，很可能最后选择一个拙劣的方案，或者选择的方案没法真正执行下去。

步骤4：选择双方都能接受的方案

现在到了做出决定的时候，共同选择一个双方都能接受的方案。通常，当所有的事实摆在面前，权衡分析若干种可能的方案之后，你会发现你们比较倾向于某个满足双方需求的解决方案。它经常是两个或更多解决方案的综合。请不要试图说服（或强加一个解决方案给）对方，也不要被对方劝说去接受一个你并不喜欢的解决方案。如果只是勉强选择一个方案，很可能这个方案不会被执行。

当你们觉得找到双方都满意的方案后，需要阐明具体如何执行，确保双方都能理解。你们可以把它落实到文字上，万一将来发生什么误解，也能有据可查。

步骤5：执行方案

制定方案是一回事，执行方案又是另一回事，因此当你们达成对解决方案的共识之后，要立刻讨论方案的执行计划。明确谁去做，什么时候去做。信任对方会去执行，不要在没执行之前提出关于做了之后会怎样的问题。在多数情况下，相互信任和有效执行之间有很高的相关度。

避免用以下这样的言语给对方施加压力，敦促对方执行所分配的任务：

"我希望你能有所计划，遵守我们的约定。"

"你心里清楚,达成这个共识意味着,你要承诺做到你负责的那部分。"

第三法的一个重要前提是,各方都是有责任感、可信赖的,因此只要给予相互的支持和理解,他们会信守诺言。监督和唠叨只能助长依赖和不满,而不利于发展个人责任感。

然而,由于许多人不熟悉使用第三法来解决问题,刚开始他们可能不会担负起执行方案的责任。如果是这样,过了一段时间后,对方没有执行约定中他/她要负责的部分,你就需要使用面质性我信息重新开始对话:

我真的感到好失望、好沮丧,因为我们针对如何解决冲突达成共识,但是你并没有去执行。

对方才会意识到,你希望他/她要负责任。

当你和你周围的人对第三法比较熟悉后,你会发现解决方案比较容易达成,执行起来也比较少拖延。

步骤6:评估方案实施情况

现在到了评估方案效果的阶段,你可以问自己:这是否真的满足了我们双方的需求?

第十章
没有输家地解决冲突

因为生活中会出现各种不可预测的情况,会使我们遇到的问题和矛盾复杂化,第三法不一定总是能够达成最满意的结果。也许,在达成一个目标的同时,会危害到另一个更为重要的目标。而且,周围环境变化如此之快,最初的方案很可能马上就过时了。或许,你可能会发现在解决方案中有缺陷,需要做出调整。

刚接触第三法的人们有时会发现,他们的承诺超出了他们实际能做到的,因为他们被热情裹挟着,答应去做一些不可能的事情。如果发生这种情况,一定要为进一步调整留有余地。从一开始要预防发生这样的情况,尽量以现实的态度对待你们的方案,理性地认识到方案实际操作起来需要承担的责任。

请记住,你参与的是一个不断发展的、开放性的过程。你的自我敞开和倾听技巧需要不断地完善和提高。随着你在使用第三法过程中经历更多练习,收获到更多成功之后,你会更容易把冲突看成是需求没有得到满足,这就为人际关系朝着全新方向发展和成长提供了途径。

在家庭中使用第三法

以下是一个真正贯彻双赢哲学的家庭案例,展示了第三法是如何运作的。

女主人邦妮向丈夫吉姆和11岁的女儿珊妮使用面质性我信息,

绽放最好的自己
—— 如何活成你想要的样子

表达了自己对做家务活的感受和困扰,从而使家庭中的冲突浮现。她描述了这个过程:

> 我大概在一年前开始上班。在此之前,我负责几乎所有的家务。开始上班后几个月,我开始对吉姆和珊妮感到不满。我不仅要上班,还要做几乎所有的家务活。我本来期待他们能主动帮忙,结果他们没这么做,于是我说过类似这样的话:"你们能帮我做点家务吗?""难道你们没看到许多家务活需要做吗?""老娘我也要撂摊子不干了。""我干活的时候,你们怎么可以坐在那儿看电视呢?"
>
> 随后,他们起身做点家务活,或者和我争吵一番,一两天后问题一如既往地出现。我觉得这对我来说是很重要的问题,我不愿意再忍耐下去了。甚至在我表达了一些非常完美的面质性我信息之后,我仍然没有得到太多回应。

界定问题

邦妮表达了一些强烈的面质性我信息之后,一家三口承认这里面存在问题,要坐下来好好讨论。为了更好地界定问题,每个人都讨论了自己对家务活的感受。他们一致承认,的确没人喜欢干家务活,尤其是那些日常琐事。下面是他们谈到的需求和感受:

第十章
没有输家地解决冲突

邦妮的需求	吉姆的需求	珊妮的需求
要求房间非常干净	邦妮的标准太高	要求房间比较干净
不想一个人承担这么多家务	需要房间相对整洁	需要合作
对责任负担太重	需要合作	不想被呼来唤去
需要减少压力	需要放松的时间	需要有时间看电视、和朋友在一起

经过多次讨论后，邦妮、吉姆和珊妮认为，日常家务活主要包括：烧饭、洗碗、收拾房间和采购食品。有些工作已经由各人自行完成，比如为自己做早餐、整理床铺、付账单等，而且对这部分工作的安排大家都比较满意。接下来要讨论其他的家务活分工问题：

可能的解决方案

1. 邦妮适当降低对家务活的标准。
2. 一个人烧饭，其他人打扫卫生。
3. 轮流烧饭和打扫卫生。
4. 各自选择自己喜欢做的家务活，分工进行。
5. 每个人负责给自己烧饭、洗衣服等。

6. 每个人自己收拾自己的东西。

7. 雇人帮忙。

评估解决方案

1. 每人各自负责和自己相关的所有家务活不太现实。

2. 雇人帮忙，每周一次还可以，但是无法解决日常问题。

选择一个大家都能接受的解决方案

1. 每天早上，每人清洗自己的餐具，并把食物和报纸收拾好。

2. 每天晚上睡觉之前，每人收拾好自己的鞋、杂志、餐具等。

3. 每人每周负责做两次晚饭，并清洗餐具（他们周五或周六晚上出去吃）。

4. 邦妮和吉姆负责一起去采购食品，或轮流去采购。

5. 珊妮负责把食品摆放好。

6. 邦妮和吉姆达成一致，最后起床的人负责整理床铺。

执行解决方案

大家一致同意立刻执行解决方案。

检查解决方案的效果

实施方案几个月后,邦妮发现她做的好多家务没有被包含进去,因此她要求再开一次解决问题的家庭会议,对原先的解决方案进行一些修改。邦妮向吉姆和珊妮说明了她的需求。大家都同意寻求一些新的方法来解决所有的家务问题。他们决定把所有要做的工作罗列出来(吉姆和珊妮以前并没有意识到邦妮做了多少事情)。可能的解决方案是:

1. 三人平分家务。
2. 每周雇几个小时的钟点工帮忙。
3. 每个人负责所有自己的需求,比如烧饭、洗衣服等。
4. 每个人选择做自己喜欢做的家务活。

评估解决方案

邦妮、吉姆和珊妮仍旧排除了每个人各自负责各自的方案,因为不现实,他们需要合作。

他们讨论了邦妮对家务标准的利弊。邦妮认为这些标准并不高,而吉姆和珊妮习惯了房间相对整洁就可以了,也没有意识到邦妮之前花了多少时间和精力保持房间的整洁。

他们讨论了各自对家务的价值观，比如家务被看成是"女人的工作"，还谈到传统性别角色的问题，邦妮和吉姆的父母是如何分配家务的，家务对各自的重要程度，各自对放松时间的需求，对公平和合作的需求。

选择一个大家都能接受的解决方案

经过许多讨论之后，邦妮、吉姆和珊妮决定选择一个综合方案，包括全家人平均分配家务，以及每周雇五六个小时的钟点工帮忙。他们开始修改之前的方案，同意每个人负责每周两个晚上做晚饭、洗刷碗筷、收拾厨房、擦地扫地（原先计划中的其他部分照旧）。此外，每个人都同意下列分工：

邦妮同意负责	吉姆同意负责	珊妮同意负责
洗吉姆和邦妮的衣服，叠衣服和收衣服	所有的食品采购工作，列出食品采购单，把食品放好	为家里所有木制家具掸尘
周日晚上倒垃圾	干洗衣物的取送	为户外绿植浇水
为室内盆栽施肥浇水	如果有家电水暖需要维修，联系维修工人	洗自己的衣服
地毯除尘、擦洗门廊和过道	汽车送修和保养	打扫自己的房间

他们决定一周雇佣五到六个小时的钟点工，主要负责地板吸

第十章
没有输家地解决冲突

尘、清洗浴室、更换床单等工作。此外,他们还达成共识:如果邀请客人来进餐,就全家一起做准备工作;全家一起选购圣诞礼物;全家一起打扫车库。邦妮和吉姆谁有空就带珊妮去看牙医,或负责送珊妮去朋友家,等等。大家决定立刻执行这个新方案。

检查解决方案的效果

他们三个人各自的体会是:

邦妮:我们经常互相帮助,感觉彼此之间更加亲密。我们也都觉得更有责任感了。我感到自己放松解脱了,压力变小,很少抱怨。尽管我们对家务还有一些困扰,而且今后难免有困扰,但是我们的生活方式得到了很大的改善。我们能够达成协议的最重要原因是,吉姆(还有珊妮)越来越能意识到问题所在,对问题的态度也逐渐发生变化。今后很长一段时间里,我还会继续面对这个问题。但是在我们家里,家务活不再被看成是"女人的工作"。

吉姆:通过一起解决这个问题,让我意识到原来我们家有这么多家务活,我也很惊讶以前邦妮一个人承担了这么多家务活。虽然老实说,我还是不怎么喜欢干家务,但这种平均分配家务的方案对大家都会公平一些。我发现要记住所有我该做的事情不容易,因为长期以来都是别人替我做好了。但是,慢慢地会变得容易。

坦白说，我现在自我感觉也更好了，不会再有以前那种愧疚感。最重要的是，邦妮变得开心多了，也更爱我和珊妮了。一个额外的收获是：每周我采购食品时，珊妮决定和我一起，做我的小帮手。我喜欢和她在一起的这些时光——只有我们两个人。

珊妮：这个方案效果确实不错。以前我们总是争吵不休。当然，我常常还会忘记清理冰箱。当我有时间或感到无聊的时候，我喜欢做家务。我想，这很公平——因为我们（吉姆和珊妮）以前从不做事。

在团体会议中解决问题

对大多数人而言，生活分成两部分：一部分是双向的人际关系，另一部分是参与到团体活动中，比如一起工作等。因此，不仅个体间人际互动情境需要问题解决技巧，团体活动中也需要。在这两种情况下，使用的技巧大致相同，但是也有一些重要的区别。

团体问题解决与一对一问题解决相比，有一个很大的优势：你在冲突中通常不是孤立无援的，能获得来自其他人的支持。团体问题解决的弱势是，你可能不情愿在一群人面前吐露自己的感受，而更愿意一对一地分享。一些不太自信坚定的人在团体中尤其拘束，他们倾向于顺从多数人的意见，或者团体领袖的意见，尤其当团体领袖是强势有力的人（团体领袖可能会犯的一个严重错误是，试着强迫那些没有主见的人参与决策。这样做只会加剧他们的紧张程度，让他们更难发展出个人的责任感，而责任感是自主参与的先决条件）。

针对团体问题解决，还要另外注意以下原则：

参与者必须是和问题直接相关的人。

确保要解决的问题是在一个特定团体的"自由区间"里能够得到解决的，即这个团体有自由，能讨论选择和执行问题的解决方案。

确保团体中的每个成员都理解第三法的运作模式。

留出足够的时间，避免讨论时分神。

不要用投票的方式作为解决问题的最后手段（投票是非输即赢）。团体中每个成员都要愿意接受解决方案，哪怕不是完全同意。

团体问题解决的例子

在我们的工作坊中，有过用第三法解决一次突发问题的经历。这个团体连同讲师在内一共有 15 个人，地点在一间有空调的酒店会议室。其中四位成员是吸烟者，其余的不吸烟。问题出现的时候，工作坊的培训已经进行了两天，培训进程几乎过半。冲突是这样引起的，一位不吸烟的学员表达了面质性我信息：

> 房间里都是烟味，我从进入工作坊开始就感到不舒服。我的眼睛又红又痛，我的头也昏昏沉沉。我无法集中精力，这影响到我参与到课程中。

接着，其他的不吸烟学员也开始表达他们的不舒服。讲师发现存在一个团体问题。虽然当时课程还没讲授到第三法，她简短介绍了如何解决团体中这类需求冲突，以满足双方需求。然后，她通过积极倾听，协助团体来界定问题，明确双方需求，之后协助团体一起进行第三法的六个步骤。

问题是这样界定的：

吸烟者的需求	不吸烟者的需求
隔段时间就产生对香烟的生理需求	生理上排斥烟味
想一直待在会议室里，以免错过课程内容	希望整个团体能够在一起
感觉是团体的一员，不想被孤立	希望能尊重吸烟者的权利和需求
不想给他人带来麻烦	不想伤害吸烟者的感受

没有输家地解决冲突

到第二步头脑风暴阶段,他们想到了以下可能的解决方案:

1. 房间里分成吸烟区和不吸烟区;

2. 制定不吸烟的规则;

3. 安排经常性的吸烟者休息时间;

4. 不吸烟者戴防毒面具;

5. 安装风扇,促进房间内空气流通;

6. 只允许在房间外面吸烟;

7. 允许在靠近门口处吸烟,门敞开一半,以便烟味能顺着门缝散出去;

8. 每节课的一半时间允许抽烟,另一半时间不允许;

9. 进行一个空气流动试验,弄清楚烟味走向,据此安排吸烟者和不吸烟者的座位;

10. 一次只允许一个吸烟者抽烟,避免多人同时抽烟;

11. 换一个空气更加流通的房间。

第三步是评估可能的解决方案,排除掉那些无法实施的,或者不能满足双方需求的方案。最后剩下的方案是第7、第9和第10项。大家讨论了这三项方案的利弊,以及实施的可能性。

最后产生的方案是吸烟者集中坐在靠门口的地方，门保持半开状态，同时一段时间内只允许一个人抽烟。

接着准备进行第四步：决定选择一个双方都能接受的解决方案。这部分的讨论主要目的是综合上述三个方案，达成一个行动方案。结果是：通过空气流动实验发现烟雾流动的区域，座位重新安排，让不吸烟的人坐在无烟区域，让吸烟者坐在房间另一侧。吸烟者同意每次只有一个人抽烟，吸烟的人坐在靠近门口的地方，吸烟过程中保持门半开的状态，这样能使大多数烟从门口直接跑到房间外。

这个方案立即得到实施（第五步），并且不时对效果进行评估。双方一致认为方案有效，双方需求都能得到满足。

后续跟踪

整个问题解决过程花了 45 分钟，随后进行了一个简短的讨论，参与者谈了自己的感受和领悟：

这是我第一次以这样的形式和大家共同解决问题，尤其是在有这么多人的团体里。有些人曾怀疑这样是否能公平地解决问题，事实证明很成功，现在他们真的感觉很好。

对有些人来说，和别人分享消极的感受不太容易，不吸烟者担心会伤害吸烟者的感受。

当看到其他人愿意自我敞开、互相合作时，每个人的紧张程

第十章
没有输家地解决冲突

度随之减少了,彼此的信任感逐渐发展起来。

每一方都发展了对彼此需求的尊重。

冲突解决之后,参与者之间感觉更加亲密了。

参与者很欣赏讲师能如此有效地引导大家经历这样的过程。

他们能以一种全新的合作精神继续工作、学习。

无论是面对一对一的冲突,还是团体的冲突,请记住最有效的问题解决工具是:

清晰诚实地表达自己的感受和需求。

积极倾听对方的感受和需求。

信任和尊重对方的需求。

对处于不断变化中的事实和感受保持开放性。

开始使用第三法时,不事先预设某个解决方案。

拒绝回到第一法和第二法的老路上。

不轻易放弃对第三法的尝试。

第十一章
CHAPTER 11

解决价值观冲突

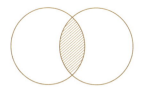

第一十篇

第十一章
解决价值观冲突

> 如果我们想拥有更加丰富的文化,兼容更丰富的价值观,我们必须意识到人类的潜力各种各样,因此社会结构才能更加致密,让具有不同天赋的每个人都能在其中找到自己适合的位置。
>
> ——玛格丽特·米德(Margaret Mead)

思考以下这些情境:

你的配偶拒绝和你去教堂做礼拜。

你的孩子说脏话。

你的女儿反对你的建议,决定从大学退学并加入一个舞蹈团体。

你的朋友参加了一个"个人成长"课程,而你认为这个课程宣扬的哲学观很危险。

针对这些存在潜在冲突的情境,请你问问自己以下的问题:

别人的行为如何妨碍我满足自己的需求?

别人的行为有没有对我产生具体有形的影响?

别人会认为他/她的行为给我造成具体有形的影响吗?

现在回忆你在人际交往中遇到的一些冲突,在这些冲突中,别人的行为对你造成的影响是无形的,很难确切地描述出来。

你已经知道了在需求冲突的情境中,双赢法是如何有效运作的。现在你应该也能记得,在上一章"吸烟/禁止吸烟"的冲突中,通过把关注点放在双方需求和实际影响上,双方朝着让彼此满意的解决方案前进。

当双方需求产生冲突时,我们可以协商、调整、妥协,因此没有输家。当我们得知自己的行为对生活中的重要他人产生某种实际的不良影响时,我们通常会愿意改变自己的行为,或者努力寻找一个双方都能接受的解决方案。但是,当价值观差异成为冲突焦点时,情况就会发生改变。我们认为自己的行为没有对别人产生具体实际的影响,我们的抵触情绪也会更加强烈。这种情况称为"价值观冲突"。

什么是价值观冲突

在价值观冲突中,你和他人对某件特定事情的看法产生强烈

第十一章
解决价值观冲突

的分歧,然而你们都没有受到这种分歧所带来的具体有形的影响(请记得,我们把具体有形的影响定义为,那些耗费你的时间、金钱和精力的影响)。

大多数价值观冲突出现在固有信念、观点或个人品位中,许多这样的冲突无法通过第三法来解决。人们往往愿意在需求方面进行协商交涉,比如关于家里的储藏空间如何利用,或者想有一个安静的学习场所,或者调整工作日程表。但是,人们可能认为没有必要解决有关价值观的问题,比如生活方式、道德标准、宗教或政治信仰、个人品位或人生目标等。他们的态度可以概括为:我怎么想、我坚信什么是我自己的事。

下面是价值观冲突在行为窗口中的位置(请注意无问题区是如何不断扩大的)。

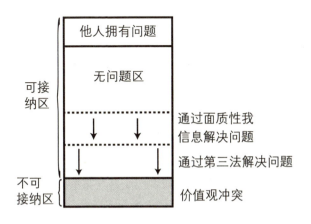

和其他类型的冲突一样,价值观冲突在人际关系中是不可避免的,因为我们不时要接触到世界观和我们很不一样的人。在我们的社会中,并不存在一套被所有人赞同的价值观。我们会把个人的信念和态度带到人际关系中,而这些信念和态度来自每个人千差万别的成长背景与经历。如果想要拓展我们的视野,丰富我们的生活,我们需要有能力和那些与我们的价值观可能时时发生直接冲突的人打交道。

当然,尽管价值观冲突不足为奇,但它们可能是让人沮丧和痛苦的,尤其发生在那些对你而言很重要的人际关系中。

下面这些表述说明了在人际关系中存在未解决的价值观冲突:

我没法和我丈夫的家人相处。他们在育儿理念上和我有很大不同。

我的工作遇到麻烦,因为我和我的老板在公司人事政策方面有分歧。

我不敢表达我的真正想法,因为我的观点激进,人们会远离我。

与价值观和价值观冲突有关的问题,对女性来说尤为痛苦。许多女性被鼓励或被强迫选择(或者至少是与某些价值观保持一致)不属于自己的价值观,因为他人对她们有控制权。这种状况源于若干原因,例如:

第十一章
解决价值观冲突

在家或在职场上,女性在经济上依赖男性。

渴望和平共处、避免争斗。

对自己的感知、想法、观点和价值观缺乏自信。

因此,女性可能会发现自己:

转向丈夫的宗教信仰或政党。

最终同意搬到丈夫喜欢但自己并不喜欢的城市。

对参加露营旅行犹豫不决。

让她并不喜欢的人留下吃晚餐。

会和公司客户一起出去,或者在公司派对上表现得性感、有诱惑力。

正因为女性长期以来被鼓励要温和可人,不要相信她们自己对现实的感知,她们常常比男性更容易感到受价值观冲突的威胁。女性经常会承认:"我对自己的信念不太自信。"这种自我怀疑和缺乏自信,让女性在需要她们去展示和坚持自己的基本信念时,采取了避免面质的姿态。这种情形尤其会发生在女性多年全职在家重返职场或重新踏入校园时,她们对男性权威人物产生敬畏,倾向于像有些人说的那样"宁可附和让自己反胃作呕的想法,也不愿冒险和学识更渊博、经历更丰富的人开战"。

价值观冲突能帮助你克服这样的障碍。与其他形式的冲突相比，价值观冲突能为你提供成长的机会，提供帮助他人成长的机会。你可以从价值观冲突中获得力量，理解自己和他人。而避免这些冲突并不会让冲突走开，甚至可能让分歧加剧，导致人际关系破裂。

有迹象显示，越来越多的女性逐渐学会相信自己对现实的感知，有力量和勇气去坦陈和维护自己的价值观。

你如何确定自己正面临价值观冲突呢？

你感到无法接受他人的行为。

你向对方表达了面质性我信息，但对方拒绝改变。

别人不明白改变他 / 她的行为会给你带来哪些具体有形的影响。

别人不认为他 / 她有什么问题，尽管你认为他 / 她有问题。

定义价值观差异

为了处理价值观冲突，第一步必须了解你和他人的真正分歧所在。我信息和积极倾听是界定分歧的最有效方法。

第十一章
解决价值观冲突

通常价值观差异在以下情形中会变得明显：

你想向别人表达面质性我信息，发现很难想出别人的行为对你造成了哪些具体有形的影响。

你的面质性我信息没有起到效果（比如，别人没有改变行为）。

别人拒绝用第三法来解决冲突。

许多价值观冲突的出现仅仅是因为缺乏沟通，没有表达出你们彼此的想法。多数情况下，如果你们能清晰地界定某个价值观差异，你们可以了解到之前不知道的关于对方某些重要的、有价值的东西。

这个步骤本身就能减少或解决价值观冲突。当人们了解到对方是多么看重和珍视自己的价值观，以及为何对方会如此看重，他们能够对此产生共情，变得更加能够容忍对方的价值观和行为。

你也许会想到自己生活中的类似经历。对某个爱财如命的人，你可能从一开始的反感，变到现在的友好。一开始她对金钱的执着让你反感。随着你进一步了解她，知道她小时候很穷。然后，你会发现你能够接受她的节俭苛刻。她并没有变化，也许永远都如此，但是你对她的看法——你的态度——发生了变化。你自身发生了调整，你理解和同情他人的能力增强了。

我们可以通过一位女性的案例来看看这个过程如何发生的，

这位女性的丈夫一度失业在家,而她的事业却如日中天:

> 我很犹豫要不要和他讨论我的工作,因为我害怕这会让他感觉自己已经被淘汰。在我的犹豫之下还有一种感觉是,他并不真的喜欢我的事业,我确信他对我负责家庭经济主要来源这个事实有所不满。因此,我们的关系变得紧张——你应该知道那种努力避免谈论对自己很重要的事情的感觉。矛盾终于爆发了,他面质我说,他被遗忘在我的一大部分生活之外,感到很受伤。我积极倾听他,发现其实他对我的工作很感兴趣,也为我的成就感到骄傲——甚至能够接受目前家庭经济收入状况。

当你不断地调整自己适应别人的价值观,却没有强调自己的价值观时,确定价值观差异尤其重要。你也许要花大量的时间进行反思,才能够意识到自己真正看重的一些想法和信念。当面对那些期待你按特定方式思考、行为的人时,尤其需要有勇气以清晰、确定和坦诚的方式表达出你的想法。

处理价值观冲突的途径

在效能训练课程中,我们传授了好几种在人际关系中处理价值观冲突的方法,但不包含妥协或非情愿地适应他人的价值观。

解决价值观冲突

这些方法是:

1. 学会接受与他人的价值观差异。

2. 调整自我。

3. 使用第三法改变他人的不可接纳行为,但没有改变价值观。

4. 努力影响他人的价值观。

5. 改变人际关系。

学会与价值观差异共处

你是否觉得很难忍受别人的选择与你不同,或者别人对现实的看法与你不同?别人的感知和你不同?如果是的话,为什么?是否人们要讨得你喜欢,就得成为你的翻版?事实上,你可以对别人更加包容。你需要意识到,你和别人之间总会存在价值观差异。

有关接受与他人的价值观差异,我们要说的不止这些。价值观的不同没有必要成为友谊、婚姻或职场关系破裂的原因。价值观差异可以给人际交往带来兴奋、趣味和刺激,能避免人际关系变得枯燥乏味(当人们完全同意对方时通常会如此)。在一些婚姻和友谊中,人们终其一生都在争论那些永远没有答案的话题,这对双方来说永远不会失去其挑战性。

调整自我：改变你自己的价值观

当你清楚地认识到价值观的差异在哪，你能否重新考虑你的价值观，也许让自己的价值观更加接近对方的价值观？你是否愿意"试穿"别人的价值观，并可能对自己的思考方式做出一定改变呢？

调整自我实际上是一种自我发展的形式。实际上，你是在说："我有我自己的看法，但是你的看法可能也对，可能更加正确。我愿意倾听——对你的看法保持开放性。"

至关重要的是你心甘情愿这样做，你改变某个价值观的决定是基于自己的愿望，而不是向其他人屈服（或妥协）。只有当改变作为学习过程的一部分，并且改变是发自内心的时候，自我调整才会有效。强迫你自己采取某种态度，或者让自己进行某种生硬的改变，可能结果会是失败的，并且会对你自己以及你的人际关系产生破坏性影响。

恪守过时的价值观阻碍我们体验新的、令人激动的思考和行为方式。这并非意味着我们在成长过程中形成的价值观应该（或能够）大幅度调整。而是说，对新思想持有开放、接纳的态度，对于健康成长来说至关重要。

以下是一对夫妻的经历，他们改变了家人总要一起吃晚饭的观念：

第十一章
解决价值观冲突

我太太和我遇到一个问题,就是经常不得不"等晚餐",因为孩子们在吃饭的时候还没到家。我太太和我都很看重全家人要一起吃晚餐。过去,我们会生气地打很多电话叫孩子们回家吃饭,或者派某个孩子出去找。最后,我们决定尝试改变我们的价值观,如果他们不按时回来,我们就自己吃。我们发现我俩很享受这段时间,有机会用不同的方式促膝交谈。孩子们到家后自己吃晚饭——对他们来说,一点问题也没有。

轻微、渐进的自我调整在生活中较为常见。如果你要调整自己,请考虑一下这些可能性:

你可以改变你对某些问题的立场。无论你多么确信自己的立场是正确的,请对对方的立场也做一定的研究。努力搜集有关双方立场尽可能多的信息,然后评估你的立场,并重新考虑你所了解到的一切。

你可以质疑你的价值观是否真的有用,并且批判性地重新审视它们当下对你的重要性。你是出于习惯或者固执才坚持这些价值观,还是它们对你来说真正起着不可或缺的作用呢?

你可以问自己是否真的全面了解有关文化品位、生活方式、工作习惯、宗教信仰、政治主张、穿衣打扮、道德观念等问题的真相。

绽放最好的自己
—— 如何活成你想要的样子

你可以审视自己究竟是兼爱众人,还是只喜欢特定类型的人。你是否会下意识地拒绝那些你不喜欢的人的价值观?

你可以变得更乐于接纳自己。如果你喜欢自己,那么你也会更容易喜欢别人。最近的研究结果表明,接纳自己和接纳他人之间有密切的关联。如果你对自己缺乏耐心,你很可能对别人也会苛刻挑剔缺乏耐心。

你可以更多地了解那些和你不同的人。大量的证据显示,更好地了解一个人,能够增进喜爱与接纳,减少恐惧与抗拒。

当你想要调整自己的价值观时,很重要的是与自己内心保持联结,与自己内心发生的变化保持联结。一种方法是,你可以时不时地进行自我测试,看看你是否"非常赞同""赞同""不赞同""非常不赞同"类似以下的价值观陈述:

有了小宝宝,女性要待在家里。

女性在照顾小孩方面比男性更为擅长。

男性和女性应该享有同等的法律权利。

在妻子离开家庭外出上班时,男性应该有自由选择待在家里照顾孩子。

避孕工具应该让任何年龄段的每个人都能拿到。

第十一章
解决价值观冲突

丈夫和妻子都应该拥有对家庭财务的平等话语权,哪怕只有一方赚钱养家。

女性要为自己的苦恼负责,不能光指责男性。

在我们的社会里,男性享有性的特权。

离婚案子里,女性应该获得孩子的监护权。

女性应该有权堕胎。

成年人之间的任何性行为都应该被允许。

你对以上陈述的反应和五年前或十年前一样吗?如果你的信念有所变化,你认为可以归结到什么原因?谁影响了你形成目前的价值观?在你目前生活中,谁的价值观和你的格格不入?你能接受这些与自己有差异的价值观吗?如果不能,你能否更加包容对方的行为,从而减少价值观差异吗?

使用第三法改变他人的不可接纳行为

除了自我调整之外——如果你不愿意或没法进行自我调整——你可能想让他人至少改变他们的行为,哪怕不改变他们的价值观。这样能使价值观差异不那么让你不快或烦恼。

然而,当我们开始努力改变和我们有价值观冲突的人们时,我们首先要想到这样做的风险是什么。人类许多行为如此难以预测,我们在企图改变别人时,永远无法知道我们的努力会带来什么结果。价值观尤为敏感，因为人们确实认为它们非常重要，甚至会认为它们是亘古不变的永恒真理。当你试图触动它们时，总是会存在可能损害人际关系的危险。一位总是过着随意悠闲生活的自由艺术家这么说：

"我以前的女朋友总是想把我变成一个整洁的、生活有规律、守时的人。那不是我的风格，也不是我想要的。最终我找了愿意接受我现在样子的另一个女孩。"

哪怕根本没有改变价值观，但是别人还是有可能会改变一些对待你的行为。如果你认为改变别人的行为值得冒风险尝试，请记得第三法只能改变践行价值观的具体行为，而不能用于改变某个想法、品位或观点。通常你可能会发现，随着对方行为发生改变，价值观差异会变得不那么重要，甚至可能会消失。更重要的是，你可能会发现，你不再觉得需要去改变对方的价值观。

类似以下的价值观冲突，也许可以通过行为层面的改变得到解决：

你的朋友在每次闲聊中都要带入她的政治观点，而这些观点恰恰和你的相反。她很看重她的信仰，也没打算要改变，但是同意你们俩在一起的时候不谈论这些。

第十一章
解决价值观冲突

你孩子的房间没有达到你要求的整洁标准,你们俩达成一致:她把房间门关上,这样你眼不见为净。

你喜欢烹饪并喜欢偶尔做顿晚餐,但是你的太太总是把菜烧好,并认为厨房是属于她的地盘。她试图告诉你要烧什么菜,怎么烧,要用哪个盘子,等等。她同意定期把厨房转交给你,并让你按自己的方式烧菜。

你非常想学习驾驶飞机。你女儿很害怕,担心你会受伤或死掉。你同意推迟学习驾驶,直到她感到放心,或者到她离开家上大学时再学。

和需求冲突的情况一样,这些解决方案必须经过双方的同意。任何一个人都不会觉得自己是输家。

行为层面的改变往往会带来回报的感觉。当某些与价值观相关的行为干扰到他人,你愿意去改变自己的行为,那么,在他人行为干扰到你的情况下,他人也会更加愿意去改变自己的行为。显然,这能让彼此的关系受益,促进关系中温暖的传递。

努力影响他人的价值观

让别人仅仅改变行为,可能并不总是让你很满意。你可能仍然认为,改变他们的价值观是非常重要的。许多人有一种"使命感",有一种冲动想要改善别人的生活。也许我们当中几乎没有人不止一次地想过,当别人和我们在宗教、政见或伦理问题上的品位观

绽放最好的自己
—— 如何活成你想要的样子

点一致时，世界才能变得更加美好。有些时候，改变别人的价值观看上去是绝地突围的唯一出路。

和调整自我一样，改变别人那些对他而言重要的看法，显然没有快捷又轻松的途径。宗教信仰的转变往往需要长时间的钻研和咨询。在涉及政治、道德、个人品位的领域内，如果没有经历一系列逐渐带来价值观改变的尝试，人们极少从"保守"转向"自由"的姿态，反过来也是如此。

我们将介绍两种影响他人价值观的方法：榜样法和顾问法。这是影响他人的普遍方法，时常在日常生活和突发事件中运用。使用这两种方法时，都不应试图使用权力或者控制来影响他人。

榜样法

我们都在有意无意地以这样或那样的方式，成为他人的榜样。正如别人影响了你的想法和行为，很可能你也同样影响了别人。我们最早的角色榜样当然是父母和老师，他们按照自己的信念和基于信念之上的行为方式，时常为我们树立榜样。随着我们长大成人，离开家庭和学校，其他人（朋友、配偶、同事）成为我们效仿的对象。反过来，我们也成为他们的榜样。

活出你的价值观，是向他人传递价值观的最可靠方式。但是，有多少人真的活出他们的信念呢？大多数人口头上宣称忠于自己的价值观和生活准则，但是一个人所说的与所做的之间的差异，往往会像这样表现出来：

第十一章
解决价值观冲突

宣称的价值观	实际的行为
人们应该参与社区事务	极少不怕麻烦地参与投票
人们应该帮助有困难的人	从不向慈善机构捐赠
有宗教和种族偏见是可耻的	是某个有会员资格限制的俱乐部成员
环保很重要	总是开车,而不是乘公交
老人需要特殊关照	抽不出时间看望住在养老院的父母
要同情并帮助陷入困境中的人	避免牵扯进别人的麻烦
在沟通中自我敞开,对建立良好人际关系十分重要	说别人喜欢听的话
青少年不能吸烟嗑药	身为父母,饮酒过度

我们经常没有意识到,自己对周围的同事、家人、朋友,特别是对我们的孩子影响有多大。周围的人其实仔细地观察着我们的一言一行。我们是坦诚还是隐藏我们的感受,是以开放的姿态去解决冲突还是一意孤行,和我们一起生活和工作的人都留意在心,并以此作为效仿。

如果你真的想要别人把你作为榜样,言行一致很重要。"按我说的做,不要按我做的做"可不是影响他人的有效办法。如果你希望和你一起工作的同事坦诚相待,你就不要有报销单作假的企图。如果你希望别人守时,那最好你不要让人家等。

如果你想让你的孩子去教堂做礼拜,就不要把他们丢在那儿自己走掉,而应该和他们一起。如果你不想让他们物质崇拜,就不要买一大堆你并不需要的东西。如果你想让你的女儿和儿子成为独立自信的成年人,就要让全家人都参与家务劳动,不要分什么"男人的工作"和"女人的工作",并且要鼓励你十几岁的孩子做一些兼职,赚点零花钱。

顾问法

你可以通过分享你的思想、知识和经验,来影响他人的价值观,充当"顾问"的角色。

"顾问"一词,根据《韦氏词典》解释,指的是"在他或她自己拥有的特殊知识或培训的领域内,为他人提供专业建议或服务的人"。当你寻求顾问提供服务时,你是在寻求从具有特殊技能的人那里获得对你有用的帮助。你主动进入这种关系,尽管你希望遵循得到的建议,但是如果建议没有满足你的需求,你也有权利拒绝。

这是成功顾问的关键所在:承认别人有接受或拒绝你建议的自由;你所做的是分享,而不是强加于人;你所做的是给予建议,而不是固执己见,不是布道说教。

假设你是一家大公司的市场营销经理,想让自己的工作更高效,提升部门的业绩,因此你聘请了一位顾问。这位顾问经过几个星期对员工们调研访谈后,要求和你开会讨论,并告诉你:

第十一章
解决价值观冲突

如果你每周召开员工会议，会比现在更为高效。研究表明，如果整个工作团队和主管人员每周开会，会提升40%～50%的生产力。

你对这个建议进行思考，但是认为这个建议并不符合你所在部门的需求。一个月后，你和你的顾问再次会谈：

顾问：我知道你并没有按照我的建议每周召开员工会议。我告诉过你，这对提升你部门的效能非常有必要。为什么你没有按我的建议做呢？

你：我认为目前已经有许多单项会议，就没有必要再召开每周的全员会议。

顾问：单项会议并不能替代全员会议。显然你拒绝了我的建议。我可以保证，我所说的这些都是为了你好。

你：对此我很感激，但是我觉得我得按自己的判断来。毕竟，我才是要为部门负责的人。

顾问：你履行职责的方式很奇怪。我警告你——你在惹祸上身。你知不知道你的行为就像个三流主管？你的做法不合时宜。我敢说，你在这个职位上待不长了。

> **绽放最好的自己**
> —— 如何活成你想要的样子

你觉得自己对这次会面会做出什么反应呢？多久你会炒掉这位顾问呢？

在我们的人际关系中，当我们不是循循善诱，而是咄咄逼人地向我们的朋友、配偶和孩子提出建议时，我们也冒着被"炒掉"的危险。能否成为一名有效能的顾问，首先取决于别人是怎么看待你的。如果他们把你看成是一个有智慧、有专长、有经验、有学识、有敏感度、有健全价值观的人，很显然你成为一名影响者的潜在可能性很大。正如我们所见到的，咄咄逼人会削弱对他人的有效影响力。一位有效能的顾问会把通往未来机会之门敞开，会在其他场合影响他人的思想和行为。

成为一名有效能的顾问，要做到：

呈现考虑周详的想法，以及支持想法的事实和数据。

把改变的责任留给对方（"购买"顾问的想法或信念）。

不与对方争论。只进行一次施加影响的尝试——不进行更多——除非环境发生显著变化（例如你发现了新的信息）或对方要求更多的建议。

有效能顾问的关键技巧是：

第十一章
解决价值观冲突

清晰地呈现你自己的价值观,并表达出为什么它们对你来说很重要(使用表白性我信息)。

使用积极倾听,表示自己能够接受对方对你价值观产生抵触,理解对方对自己价值观所进行的防御(换挡)。

下面是在一些有关价值观的问题上,你如何扮演顾问角色:

目标	方法
影响你的朋友减肥	和他/她分享你自己的经历,以及有关肥胖研究的书籍和文章
鼓励配偶换工作	找到你觉得你的配偶可能喜欢的工作,并告诉他/她相关信息
劝女儿不要和让她不开心的男朋友见面	告诉女儿自己曾有的相似经历

这是一位课程学员遇到的情况:

最近我儿子出院了,之前他因抑郁和物质滥用住院。他回家后,还想继续和他之前那些朋友来往。但是,他的那些朋友中有许多人一直沉溺酒精和嗑药。跨年夜,我儿子被邀请和他的朋友参加一个派对,显然在派对上要喝酒。我告诉儿子,我希望他不要去,因为我担心他无法应对太大的诱惑。但是,我说这是他的决定,我不会阻止他去。第二天,他告诉我,被周围喝酒的朋友缠绕不受影响很难,但是他决定放弃去参加派对,并且对自己的决定感觉不错。

改变人际关系

如果你的所有努力都没能把价值观差异解决到双方都能容忍的地步,你可能需要做出改变——或终止这段关系。尽管这是一个非常难以做出的决定,它却能产生很积极的效果。结束一段具有破坏性的、无法让人满意的关系,是朝着获得自我认同、按自己的价值观和需要自由地生活迈出一大步。

你可能会决定,既然你和你的朋友把很多时间用于争吵,将来还是不要经常见面的好。如果你发现自己陷入和顶头上司无法解决的冲突中,你可以申请调到其他部门或开始寻找一份新的工作。如果你和你的丈夫之间存在重大困扰,而且你看不到任何解决问题的希望,你可能最终决定和他离婚。然而,请记住,人们往往没有充分探索解决问题的各种办法,就选择了结束关系。

使用权力解决价值观冲突,会带来什么问题

使用权力去处理价值观冲突,会很有诱惑力,尤其是其他可行的办法太复杂且花时间,并且你在关系中拥有更大的权力时,使用权力容易成为一种捷径。

你可以迫使女儿待在学校里。你可以坚持你的下属改变穿着

第十一章
解决价值观冲突

风格。但是,众所周知,高压策略对于维持关系来说通常得不偿失。高压策略对他人的价值观来说,不会有任何积极的影响。事实上,在价值观领域使用权力,必然会导致你从顾问的位置上被"解聘"。

当你通过榜样法和顾问法成为"影响者"时,你通过鼓励自我发展,为人们提供了改变的机会。他们生活的调整也许会是缓慢、循序渐进的,但是因为这些改变并非强加,改变才会持久,这是个人学习成长的一部分。

通过练习运用你的影响力,你等于在说:

> 我没有对你施加权力,但是这里有支持我的立场的事实和数据。我把改变的责任留给你。如果你不想按我的建议做出改变,我也不会和你争吵或唠叨。我希望能够影响到你,并且最重要的是,我想和你保持良好的关系。我可以接受我努力提供咨询建议后的任何不确定结果。

如果你运用权力手段处理价值观冲突,你是在拒绝给予人们机会按自己的步调、自己的方式来发展。你采用了一种"革命性"的方式——通过强制达到快速改变。你所传递出来的信息类似于:

> 我不信任你可以靠自己改变。我将运用我所能获得的任何权力,去强迫你改变——毕竟,这是为了你好。

绽放最好的自己
—— 如何活成你想要的样子

通过使用权力改变对方的价值观，常常被开脱成是为了对方的最佳利益才这么做。然而，想想历史上人们曾经在"最佳利益"的名下，被迫接受了些什么！想到这些，会让我们在打算开始强行改变对方时暂停下来。适合人们个人需求和经验的非权力方法，更有可能引发你希望的改变，也确实能被对方所接受。

第十二章
CHAPTER 12

调整环境

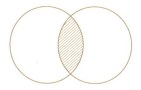

第二十章

제치생활

第十一章
调整环境

> 环境的每一次改变都是一种乐趣。
> ——塞内加（Seneca）

改变或重塑你周围的物理环境是预防人际冲突的一种非常有效的方式，有时在面质性我信息和积极倾听无效时，还能解决冲突。

假设你想读读书放松心情，而你的家人正在放立体声音响或看电视。你可以选择面质，或者采取榜样法或顾问法，希望把家人带入阅读的乐趣中来。但是，也许更为有效的方法是，为你自己在另一个房间建一个阅读角，或者建议家人将立体声搬到另一个房间。

值得注意的一点是：当我们和别人相处时，经常忽视我们所生活环境的作用。我们经常以如此抽象的方式来考虑冲突，以致忽视一些简单的解决方法，例如门能保护我们的隐私，地毯能降低噪声，篱笆能保护孩子避开车辆，减少父母担忧。

着手调整环境是一种自信的举动：我们决定控制周围环境，

而不是让环境控制我们,我们发挥主动性,为实施改变承担责任。当然,如果调整环境涉及他人的需求和利益,我们应该准备好去解决问题。这种情况下,第三法通常能有所帮助。

你和家人、同事可以一起头脑风暴,想出很多种方法来满足你的特殊需求,以下要介绍的是八种调整环境的主要方法,用来解决冲突或减少冲突:

丰富;

扩大;

去除;

限制;

简易化;

重新安排;

系统化;

提前计划。

下面是每种方法的一些示例。

第十一章
调整环境

丰富

丰富指通过增加材料或活动，让环境变得更加有趣生动。

使你的家庭环境变得更丰富的方法可能包括以下这些：

邀请你想进一步了解交往的人来参加晚宴；

报名参加一些有趣的学习班；

一起学习新的游戏或其他活动；

对共同感兴趣的话题进行讨论；

添置一些游戏、拼图、书籍和录像带；

周末去有趣的地方玩（动物园、公园、露营、滑冰、骑车等）；

合力完成一个项目——修建一个小小的蔬菜花园，搭建狗屋，追溯你的家族历史。

丰富你的工作环境，可以这么做：

摆放一套餐桌椅，让员工能够在午休时吃饭休息；

添置一台咖啡机或泡茶机；

为员工提供/申请现代化的办公设备；

提供培训机会，例如邀请外聘顾问做讲座；

启动员工培养和晋升的培训项目；

搜集更多你所在行业相关的最新书籍和杂志；

为员工提供／申请健身场所和器材；

提供／申请照顾婴幼儿所需的设施；

添置一些植物、照片美化办公室。

扩大

研究发现，身处拥挤和人口密度过大的环境容易导致反社会行为。有时你能通过扩大活动范围、增加可使用的空间，来释放压力和紧张。

在家里可以运用的方法包括：

拆掉一堵隔板或一面墙，让房间更加宽敞；

增加一个房间专门用于工作、娱乐、储藏等；

将双人床换成折叠式的沙发；

选择多用途的家具——例如，一张可以用餐、做针线活、玩游

调整环境

戏的餐桌；

选择能折叠并收起来的家具——例如，折叠式的桌子和椅子；

租借外面的储藏空间。

在工作场所，可以有这样一些做法：

为员工提供更多工作空间；

拆掉门；

拆掉多余没用的隔板；

租借外面的储藏空间；

采购多用途的办公家具——可以用来打字、书写、装订等用途的桌子。

去除

去除指从环境中移走一些材料、物品和活动，减少刺激。当环境过于丰富，人们会不堪重负，变得容易激惹和焦虑。

在家里，运用这个方法的例子是：

在晚餐或交谈时不接电话;

减少外出活动——旅行、派对、上课、购物;

调低(或关掉)收音机、立体声、电视;

安静地放松——思考、阅读、打盹、闲聊;

只在固定的房间里看电视、听广播或进行其他活动;

用耳机听音乐。

在工作场所里,运用这个方法的例子是:

开会过程中不打电话;

少安排会议;

把复印机放在另一个房间里;

在喧闹的办公室内使用耳塞;

当你需要不受干扰地集中思考时,选择在家或其他场所办公。

限制

限制指限制或控制对环境的接触,控制对资源、场所或活动的获得。

第十三章
调整环境

在家里的运用可以包括：

给需要私密性的房间装上门；

达成共识哪些房间可以带食物进去；

把贵重物品放在拿不到的地方；

把危险的家庭用品（肥皂、杀虫剂、毒药）放在孩子和宠物碰不到的地方；

将院子加个栅栏；

在楼梯的底端和顶端安装木门，防止小孩攀爬；

在门上装锁。

在工作场所的运用可以包括：

划分员工停车位；

在工作区域安装隔板降低噪声。

简易化

降低设备和活动的复杂性，有时能减少工作和生活中的冲突。

绽放最好的自己
—— 如何活成你想要的样子

让家庭生活更简易的一些方法如下：

将家用工具放在每个人都方便找到和拿到的地方；

把笔和便笺纸放在电话机旁边；

每间卧室放上一个闹钟；

告知家人日用品存放的位置，比如床单、毛巾、卫生纸等；

告知家人如何正确使用家电，比如洗碗机、烘干机、烤箱、熨斗、搅拌机等；

创建一个记录电话信息的系统；

安排拼车；

扔掉或卖掉没用的衣服和家具等。

让你的办公室日常更简易的方式包括：

将办公用品放在容易拿到的地方；

旧系统更新，比如文件分类、邮件列表等；

告知办公室员工如何正确使用办公设备，比如复印机、咖啡壶等；

调整环境

存档或丢弃旧文件。

重新安排

通过改变物件的位置，或者调整活动时间安排，可能会增进人与人之间的关系。

以下是在家里进行重新安排的例子：

重新摆放家具，以获得更多私密空间，或者创造出一个交谈或玩耍的区域；

重新布置厨房或其他房间，提升功能性；

改变吃晚饭的时间，让家人能看上喜欢的电视剧；

重新安排周末旅游计划，方便一些朋友能参加。

在工作中运用的例子是：

把一起工作的人们安排在同一个房间或区域；

开会时把椅子摆放成圆形；

重新安排会议时间，让更多的人能参加会议。

系统化

你可以组织、安排和协调物品或活动，使之更加系统化，更有效地运作。

在家里实施的方法如下：

设立一个信息中心，比如一个公告栏；

提供一份家庭活动计划的日程表；

在家里安装挂钩，便于放衣服、毛巾、厨房用具等；

列一份常联系的亲朋好友电话号码和地址表；

提供一个便签本，以便在食品购物单（或其他购物单）上增加项目；

记录收入和开支，制定预算；

按主题或作者给书分类。

在工作中进行系统化的例子如下：

第十二章 调整环境

为归档、发邮件、下单、发货等建立一个新系统；

在工作的不同时期，安排相应的午餐时间；

与他人分享更多信息，减少重复性工作；

让你的个人日程表保持更新状态。

提前计划

通过提前计划，避免一些冲突。

在家里进行提前计划的例子：

制定替代的度假方案，以防万一家人期待的旅行无法成行；

在订票前，让配偶核实时间上和他/她的日程表是否有冲突；

尽可能早地给家人一份你出公差的时间表；

在你的朋友带小孩子来家里玩之前，提前做好家里的儿童安全防护工作；

在日程表上记下朋友和家人的生日及周年纪念日，这样能从容地为他们挑选贺卡和礼物；

提前告诉孩子们你外出参加聚会的时间；

绽放最好的自己
—— 如何活成你想要的样子

为一些特殊活动提前储备食物，比如节日、生日派对；

在厨房的抽屉里放一些零钱，以备买午餐、支付干洗费或其他紧急情况用；

在屋外留一把备用钥匙；

把电话号码留给你的孩子，以便紧急情况下能拨打；

准备一些冷冻食品，方便快速容易地煮来吃；

提前告诉你的团队，什么时候你不能参加下一次会议。

在工作中进行提前计划的例子是：

在安排重要会议之前，让同事核实他们的日程表；

提前通知同事们，你什么时候邀请客户来参观办公室；

提前通知同事们，你什么时候不在办公室——出差或休假等；

给你办公室的同事一个电话号码，可以是你的医生、配偶、孩子、朋友的，万一你发生紧急情况，同事可以协助你联系他们；

提前通知同事们，什么时候你没法参加已安排好的会议。

环境调整不仅能减少你在人际关系中的一些困扰，还能增强对自己与周围世界联系的意识。周围环境对我们而言往往太过熟

调整环境

悉了,因此在某种意义上来说,我们变得对周围工作和娱乐的环境视而不见。通过有意识地改变环境,我们开始用一种新的视角来看待周围的物理世界,同时意识到有很多方法可以改变环境,以适应人们的需求——我们自己的和他人的。

第十三章
CHAPTER 13

帮助身处困扰中的他人

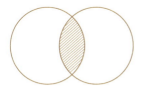

第十三章

急性中毒及危急情况

第十二章
帮助身处困扰中的他人

> 你没法给予他人自豪感,但是你可以给予理解,让人们看到他们内在的力量,从而找到他们自己的自豪感。
>
> ——查尔斯吉塔·瓦多斯(Charleszetta Waddles)

当你身边的人遇到问题,身处困扰之中,或者需求无法得到满足时,你又该怎么做呢?你所关注的这种情况处于行为窗口的最上端部分——当他人拥有问题:

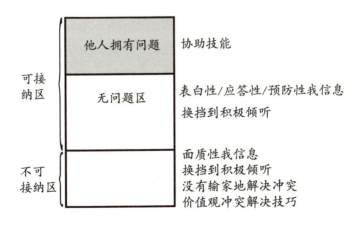

绽放最好的自己
—— 如何活成你想要的样子

当别人遇到某个与你无关的困扰，此事属于你的可接纳区，你可能乐意慷慨地为他们提供帮助。这种情况经常发生在你的亲密关系中，比如你的配偶、孩子、朋友、亲戚、同事等，你可能想要帮助他们渡过难关。在效能训练课程中，我们教大家一些特定的协助技能。但是，首先我们要审视一下大多数人认为对他人有帮助的做法。

无效回应：沟通中的绊脚石

当别人拥有（正在经历）某个困扰，你打算向他/她提供帮助，很容易用给建议、追问或安慰的方式试着去解决问题。通常，我们之所以用这些回应方式，是因为我们觉得我们应该替他们解决问题，找到问题的答案。或者，我们看着别人（尤其我们的孩子）感到困扰或沮丧时，我们也会感到很不舒服，因此很想尽快帮他们摆脱困扰。

像这样的帮助，可能是出于好意，但往往弊大于利，阻碍了与正处于困扰中的他人之间的沟通。

当他人遇到困扰时，以下回应是沟通中的绊脚石：

1. 命令、指导、指挥

"别哭了！"

第十一章
帮助身处困扰中的他人

"别担心这么多。"

"放手吧!"

"去做你的工作。"

"别想这些了。"

这些回应在命令指挥对方,告诉对方要做什么。实际上,等于告诉对方他们的感受和需求不重要,他们必须服从你的感受或需求。你传递的是对别人在那个时刻的不接纳。这些回应会引起不满或怨恨,常常导致对方有敌意、反唇相讥、抗拒抵触,或想考验你的意志。这些回应可能也暗示着,你并不信任他人的判断力或能力。

2. 警告、训诫、威胁

"你最好赶紧跟他道歉,否则你以后会后悔的。"

"如果你不戒酒,你会丢掉这份工作的。"

"如果这门课你还不努力用功,你会考不及格的。"

"如果之后你还是上班迟到,你会惹上大麻烦的。"

这些话告诉对方如果他们做或者没做什么,会造成怎样的后果,让对方感到害怕并且顺从。这些话会引起对方的不满和怨恨,和命令指挥带来的后果如出一辙。对于警告或威胁，人们有时会有这样的感受或者回应："我才不在乎会发生什么，我就是这样觉得的。"这些话也会招引他人想测试你的态度是否坚决，故意去做那些被警告不要做的事情，看看你所说的结果到底会不会真的发生。

3. 说教、布道、强迫

"你永远都不应该撒谎。"

"我认为你应该去。"

"你应该帮助她的。"

"你早就应该告诉我。"

"你要别人怎样对待你，你就要怎样对待别人。"

告诉人们他们应该或理应做什么，几乎没有什么帮助。这些话向他人施加来自外部权威、义务或责任的压力。人们听到"应该""理应"和"必须"时，通常的反应是抵触，甚至更加强烈地捍卫自己的立场。这些话传递给他人的信息是，你不信任他们有能力自行判断一些想法和价值观，他们最好接受"别人"视为正确的事情。这些话可能也会引起对方的愧疚感，让他们感到自己"坏"。

4. 给建议、提供解决方案

"我觉得你最好再多考虑一段时间。"

"为什么你不试着另外找份工作呢?"

"对你来说,最好是彻底忘掉这件事,当它没发生过。"

"我想你应该考虑离婚了。"

"如果你这么担心,为什么不戒烟呢?"

当他人处于困扰中时,另一种常见的回应方式是告诉他/她如何恰当地解决问题。他人通常会认为你的这种回应,表明了你对他们的判断力或独立解决问题的能力缺乏信心。这些话可能也会让对方更加依赖你而不自己独立思考。人们经常很讨厌别人给建议或意见时所隐含的高人一等的态度。或者他们会感到低人一等,并且认为:"为什么我不能这么想?"他们可能会感叹道:"你总是比我懂得多。"同样的,给建议可能会让对方感到,你并不理解真实的问题所在。

5. 用逻辑说服、争论

"让我告诉你,你错在哪。"

"我认为在这点上我是对的。"

"让我教你如何与男人相处。"

"我的经验告诉我,那是行不通的。"

"难道你不知道……吗?"

这些话试着用事实、反驳、逻辑、信息或者你自己的观点来影响他人。当你处于帮助者的角色时,会不由自主地指导或使用逻辑争论。然而这种"给人上课"的方式通常让对方感到,你试图让他们看上去低人一等、臣服于人、能力不足。逻辑和事实通常让对方产生防御和怨恨。人们极少乐于承认他们自己错了。这会让他们更加强烈地捍卫自己的立场。人们还会把他人的训诫视为纠缠,对此置之不理。他们经常会不遗余力地贬损你提供的"事实"。他们可能甚至忽略事实,并摆出"我不在乎"的态度。

6. 评判、批评、反对、指责

"看看你都做了什么!"

"如果你不是那么自我放纵,你早就戒酒了。"

"你是我见过最懒的人之一。"

"如果你一开始做得对,就不会发生这样的事情。"

听到别人的问题,经常会让我们对他们做出负面的评判或评价。这些回应也许会比其他回应更会让对方感到自己无能、低劣、没用、差劲。我们的评判和评价影响塑造着他人的自我概念。正如我们会评判他人，他人也会经常评判他们自己。负面的评判也会激发他们反唇相讥："你自己不也那样吗？"或者"你就那么完美吗？"评价很大程度上会让人们关闭心扉，不愿意再与你分享他 / 她的感受。他们很快会感到，坦露自己的困扰、分享自己的烦心事是不安全的。人们讨厌接受负面评价，为了保护他们的自我形象，他们会防御性地回应。哪怕你的评价是正确的，通常他们也会感到愤怒，或对你产生敌意。

7. 表扬、赞同、积极评价、肯定

"哇，我觉得你做得很好。"

"你是为数不多能做到这点的女性。"

"你非常有潜力。"

"我觉得你的评价十分正确。"

"你在压力之下工作仍十分出色。"

我们经常觉得积极的评价或评判会帮助一个人克服困扰。然而恰恰相反，表扬并非多多益善，当别人正经历困扰时，表扬通常会带来负面的效果。不符合他人自我形象的积极评价，可能会激起敌对（"我跳舞并不好"或者"我的发型糟透了，我讨厌我的发型")。

人们还会推论得出,现在我们能这样积极地评价他们,下次我们也很容易给他们负面评价。而且,如果经常表扬对方,一旦不表扬可能会被解读为批评。表扬某一个人的时候,可能会被其他人解读为对他们进行负面评价——也就是说,相形之下,他们就没那么好。因此,表扬容易引发被认可的竞争,或者是获得嘉奖的渴望。

表扬常常被人们觉得带有操控性,是以一种微妙的方式影响他人去做你想让他们做的事:"既然你这么说,那我就要更加努力地工作了。"表扬常常让人们尴尬,尤其在众人面前。表扬还会带来一个风险,就是让别人变得依赖表扬,以致如果没有从你这边获得持续的认可,他们就不知道怎么做。

8. 辱骂、嘲笑、羞辱

"你太吹毛求疵了!"

"你这个爱管闲事的主!"

"你是个大男子主义者!"

"你是个输不起的衰人!"

"你洁癖太严重了!"

这些回应让人们感到自己很蠢、很糟或错到家了。这会给别人的自我形象带来毁灭性的影响。听到这些话时，人们往往会反击你："你这个家伙，发什么牢骚呢？"或"还说我懒呢，拿镜子照照自己吧！"辱骂会激起对方的防御，他们会把关注点放在争论和还击上，而不是审视自己。"我不体谅别人……你要求太高了吧！"

9. 解释、分析、诊断

"你那样做是为了赢得关注。"

"你只是嫉妒罢了。"

"因为我昨天说过你，你现在想要还击我。"

"我能看到，你与权威人物相处有问题。"

"你不该对一个女人说这样的话。"

这些回应告诉他人，他们的动机是什么或者分析他们所言所行的原因，传递出来的是你已经看透他们或是给他们下了诊断。这样的话可能会给别人带来很大的压迫感。如果分析是对的，别人可能对自己被"曝光"感到尴尬；如果分析错了，实际情况也经常如此，别人会对这种不公正的评价感到生气。当我们分析和诊断别人的问题时，常常表达出一种自我优越感，这种态度显然会引起别人的反感。这些话常常会让对方不想再与你进一步沟通，不想再与你分享自己的感受。

10. 安抚、同情、安慰、支持

"明天你会感觉更好。"

"你会遇见其他人的——反正他不适合你。"

"你会搞定的——只要给自己时间。"

"别担心,我知道你会做好这件事的。"

"事情会有好结果的——你很快会看到。"

  这些回应试图通过劝说别人摆脱情绪,弱化他们的困难,否认问题的严重性,从而让对方感觉好受一些。不过这样做并不能像想象中那么有用。当别人感到困扰时,安抚可能只是告诉他们你并不理解("如果你知道我有多害怕,就不会那样说了")。

  我们经常安抚别人的原因是,当听到别人有强烈情绪,我们感到不舒服,我们想避免听到更多的情绪表达。这些回应告诉别人,你想让他们停止有这样的感受。人们很容易把安抚看成是,试图改变他们的微妙而间接的方式。

11. 调查、提问、追问

"你什么时候开始考虑的？"

"谁让你做这事的？"

"为什么你现在才提出这件事？"

"关于这件事，你打算怎么做呢？"

"你的老板知道这件事吗？"

这些回应在努力地寻找原因、动机和理由，或者试图获得更多信息，以便帮助你找到解决别人问题的办法。这些调查提问传递出你对他人缺乏信任，以及你的怀疑和困惑。人们会把一些调查提问理解成你企图"让他们难堪"（"你一天喝多少啤酒？六瓶？哦，怪不得你长胖了！"）。

各种提问接连而来，会给人们带来一种威胁感，特别当他们不了解你为什么要问这些问题的时候。回想一下人们是不是会经常反问你："你为什么这么问？"或者"你到底想干吗？"还有一种防御性的回答就是千篇一律的四个字："我不知道。"当别人和你分享他们的困扰时，你的提问在他们看来，似乎暗示着你在尽量搜集信息以便替他们解决问题，而不是让他们找到自己的解决办法。人们一般都不想让别人插手来解决他们自己的问题。

当别人在谈论自己的困扰时，你的每一次提问实际上都在限制他/她表达自己想法的自由。从某种程度上讲，每一个问题都将影响到他/她下面要说的话。如果你问"你什么时候开始注意到这种感觉？"等于你只是让别人去讲述这种感觉刚出现时的情况，而不是别的。

12. 回避、分散注意力、幽默

"让我们美美地吃一顿大餐，忘掉这件事。"

"我们过后再讨论这件事吧。"

"你竟然觉得你有困扰！"

"你所说的让我想起以前我遇到的困扰。"

"让我们谈点开心的事。"

这类回应表达了你想回避谈论这些困扰，想通过开玩笑或暂时搁置的方式让别人把注意力从困扰上转移开来。这类回应传递出，你对他人不感兴趣，不尊重他们的感受，甚至可能在拒绝他们。当人们需要向你诉说什么的时候，一般都是很严肃认真的。当你用开玩笑的态度来回应，会让对方感到受伤，感到被拒绝和被贬低。搪塞他人或转移他人感受的方式可能会暂时奏效，但是一个人的感受是不会从此消失的，通常会在此之后卷土重来。

我们并不是说，你和别人沟通时永远都不能使用以上12种回应方式。当他人拥有问题时,你要尽量避免使用它们,而当你们的关系处于无问题区时,其中的一些回应方式不仅没有破坏性,甚至还相当有益和有效。

有效能助人者的五大要素

当你扮演助人者的角色时,你是在创造机会促进他人的成长和健康转变。当你成功地帮助了你生命中的重要他人,你所投入的时间、精力和关心,通常给你带来的回报是,你们之间发展了更加深入和持久的人际关系。

你该提供怎样的帮助,才能给那些带着问题前来求助的人们以积极影响呢?社会科学研究者们针对这个问题进行研究发现,作为一名有效能的助人者,你至少需要下面五种基本特点:

接纳;

同理心;

真诚;

一定程度的自我充实感;

互惠的感觉。

接纳

绽放最好的自己
—— 如何活成你想要的样子

接纳表示容许别人如其所是,不要求他们开始以不同的方式思考或行为,或者背离真实自我。接纳他人不意味着你必须放弃你的批判性判断,或者让他人的价值观凌驾于你自己的价值观之上。它意味着,为了帮助他人,你愿意用一种积极或客观中性的态度来看待他人和他人的想法,把解决问题的责任留给他人。你的态度可以如下面所述:

> 我想帮你的忙。因此,我有意地把我的价值判断放到一边,这样我能使自己尽可能接近并认同你的想法——接受你现在的样子。

同理心

在和他人产生共鸣的过程中,你体会到他人各种复杂的感受,设身处地为他人着想。同理心即我们用自己的经验去体会别人的感受,理解别人对生活中特定事件的反应。对别人产生同理心,是基于我们彼此之间有相似性。同理心是富有创造性的过程,因为它需要想象力,将我们投射到别人的内心世界当中。哪怕我们可能没有和别人经历过完全一样的事情,如果我们能够尽量地去体会他们,我们也能够通过同理心来理解别人。例如,即使你从来没有被炒过鱿鱼,当你丈夫被公司解聘时,你能够理解他的感受。

真诚

真诚意味着与他人之间建立诚实、开放的人际关系,并且能信任彼此。在我们帮助别人之前，首先他们必须对我们充满信任。如果你给人的印象是带着虚情假意，那你说什么或做什么都不可能对别人有所帮助，他们会怀疑你的真诚度。

在提供帮助的关系中，自我敞开非常重要。通过袒露心声，我们才能了解自己在多大程度上和别人相似，又在多大程度上有所不同，然后才能通过更好地理解我们自己，更深切地体会到别人的需求。

别人必须能够信任你不会泄露他们的秘密，不会取笑他们，日后也不会拿他们告诉你的事情来要挟他们。他们必须能够相信，当你遇到同样的问题时，也会愿意向他们求助。

一定程度的个人充实感

尽管你能做到接纳、有同理心、真诚，如果没有一种个人充实感，你可能不会太喜欢扮演这种帮助他人的角色——至少不会一直这样做。

让我们来看看海伦的经历吧，她在三十岁的时候开了自己的公关公司。结婚后，海伦生了第一个孩子，就把公司卖了，决定让自己投身家庭中。"我很爱我的丈夫和孩子，但是我也真的好怀念以前工作带给我的兴奋和个人成就感。"

日子一天天过去，海伦又生了两个孩子，她很卖力有时近乎狂热地为家人做事，补偿自己的愧疚感和挫败感。"我几乎为他们包揽了所有麻烦，但是不明白为什么大多数时候，我的介入只会让事情变得更糟。我开始觉得自己很失败。如果我不能给这个

绽放最好的自己
—— 如何活成你想要的样子

世界上我最在乎的人带来切实的帮助,我又有什么用呢?"

海伦试图通过她的家庭来充实自己,她忽略了审视自己的一些重要需求。我们希望能为他人服务,能够照顾和支持他人,但经常发现自己会产生一种挫败的感觉,心理治疗师吉恩·贝克·米勒将其描述为"做了好事但感受不好"。我们百思不得其解,为什么我们这么努力地奉献自己,结果却如此糟糕?

帮助他人不能替代个人需求的满足。如果我们通过帮助别人来满足自己的需求,我们会经常对自己的不完整感到愤恨和生气。如果我们自身一些重要需求没得到满足,我们没法成为有效能的助人者。两者之间必须有所平衡。要真正成为有效能的助人者,我们必须在自身的生活里有一定程度的满足感和充实感。

互惠的感觉

最后一点,当我们帮助身陷困扰的他人时,我们必须感到彼此的关系是互惠的——至少在一定程度上是这样。

你也许有过这样的经历,你很愿意倾听并帮助一位朋友解决他/她的一些问题,随后发现当你有困扰时,他/她并不愿意倾听你。你可能有被欺骗的感觉,并发现之后自己也不太愿意再去倾听他/她。

我们需要感觉到,彼此之间的关系是公平、互惠和合作的(甚至在一方需要帮助的时刻也是如此)。这种态度可以用下面的话来描述:

第十二章
帮助身处困扰中的他人

当你遇到问题时，我愿意帮助你，同时我希望你也能为我做同样的事情。

基本倾听

当他人给你一条线索（言语和/或非言语）表明他们正处于困扰之中，有效帮助他们处理感受的一种方式是，进行基本倾听的回应。基本倾听表现出你的接纳和认可，鼓励处在烦恼中的对方进一步沟通。基本倾听的回应方式有：

专注；

沉默；

认可；

门把手。

专注

专注是指当别人在倾诉时，你要从肢体语言上表现出和他/她在一起。你有许多方式展示你愿意去倾听对方，比如和他们在同一间屋子里，放下手头忙碌的事情，面朝着对方，始终保持眼神的接触等。

沉默

当别人倾诉自己的问题时,你要有能力保持沉默或不主动说些什么。这点非常有用,能鼓励对方继续说下去,特别是当对方刚刚开始讲述自己的问题时,或者沉浸在一种强烈深刻的感受(比如悲伤、恐惧或绝望)中时。

认可

用一些简短的语言回应,表示你在专注地听他们诉说。从某种程度上讲,这些语言也向别人传递了你的接纳和共情。可以包括下列表达方式:

"嗯——嗯。"

"我明白。"

"我听到了。"

"哦。"

"真的呀。"

"我当然能理解。"

门把手

这类回应邀请对方进行更多倾诉,进一步扩展他/她们的想法、理念和感受。这类回应也表达了你的接纳,并传递出你试图提供帮助的意愿。

"你想告诉我关于这件事的情况吗?"

"我想了解你更多的感受。"

"你愿意多谈谈吗?"

"需要帮忙吗?"

"让我们聊聊吧。"

"我想听听你的感受。"

"今晚你显得很沉默——有什么烦心的事吗?"

尽管这些基本倾听技巧可以有效地让别人感受到你的接纳,能让沟通继续下去,但是基本倾听在沟通、理解和促进问题的解决方面,有时起到的作用是有局限性的。在沟通过程中,你需要采取一种更加积极主动的回应方式——积极倾听。

积极倾听

在之前的章节中,你已经了解到积极倾听可以用于换挡的情境,缓和别人对你表达"我信息"所产生的抵触情绪。当他人拥

绽放最好的自己
—— 如何活成你想要的样子

有问题时,积极倾听是一种帮助他人的重要技巧。实际上,当你处于助人者的角色时,你会发现积极倾听是表达接纳和同理心的主要方式。尽管积极倾听的技巧大致相同,但在帮助别人时,你所处的姿态完全不同于换挡时的姿态,换挡是为了满足你自己的需求。请回想一下沟通的图示(详细描述见第三章):

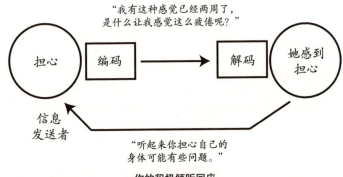

尽管学习成为一位优秀的倾听者不是件容易的事,我们都知道,只要肯付出时间和耐心,就能掌握这项重要的技能,并有效地运用到生活当中去。当我们请学员分享积极倾听给他们的生活带来哪些具体的变化时,经常可以听到这样的描述:

积极倾听改善了我和我先生之间的关系。他现在对我更加坦诚开放了。

积极倾听让我更多去倾听他们说什么,而不是打断他们的

第十二章
帮助身处困扰中的他人

表达。

我的大女儿今年十二岁,现在她更喜欢和我相处聊天了。可能是因为我比以前更加耐心,倾听技巧也改善了。

我儿子曾有过一段艰难的感情生活,现在他开始更愿意和我交流——他的朋友注意到了在我们家发生的变化。最近我太太也发现我和孩子们及周围人打交道方式与之前有所不同。亲朋好友都来向我"请教"。

我用在课程上学到的东西帮助一位朋友大大改善了心情,结果我和她感觉更加亲近,我也感到如释重负。

以下是发生在两个朋友之间的真实案例,展示了如何运用积极倾听去帮助他人:

琼:(长吁短叹,紧锁眉头)

瓦莱丽:你看起来不开心。想和我谈谈发生什么事了吗?

琼:我觉得特别沮丧!我不知道该怎么说。

瓦莱丽:嗯。

琼:我觉得上一份工作真的特别适合我。

瓦莱丽:是那种你一直渴望得到的工作。

琼:我的能力和资质就是他们需要的。我真的觉得自己可以

绽放最好的自己
—— 如何活成你想要的样子

在公司里面大展身手。

瓦莱丽：（点头表示赞同）

琼：当我得知主管要被调到俄亥俄州的公司时，我觉得自己的机会来了。当然，在此之前他们从来没有让女性担任这么高层的职位。

瓦莱丽：你觉得身为女性可能会影响到你获得那个职位。

琼：是的——但是我能打破先例。不过我认为想要做到这点，没有比尔·莱斯特的支持可不行，他是整个部门的头。

瓦莱丽：如果要把握这个机会，你需要他的帮助……

琼：是的，所以我开始对他格外殷勤，你懂我的意思。而且看上去很奏效。他几次邀请我一起吃午餐。然后我们开始下班后约着喝酒。有一次，他太太外出，我们一起吃晚饭并看电影。一切都十分友好融洽。大多数时候，我们会谈论工作，他不时告诉我他多么欣赏我的工作。我觉得自己获得晋升的机会十拿九稳了。

瓦莱丽：那时你非常确信。

琼：他给我一些很明确的暗示……不过，随后公司里开始流传我们的谣言，我猜想他太太也听到了。不管怎样，接下来发生的事情是，我被人事部门告知他们做了一定调整，不再需要我了。事情就是这样，始料未及。

瓦莱丽：对你来说，是个重大打击。

琼：这彻底把我击垮了！我试着找比尔·莱斯特谈论这件事——

第十一章
帮助身处困扰中的他人

但是突然联系不到他了。你知道的,我在前面两份工作中也遇到类似的情况。

瓦莱丽:在这些工作中,你也觉得如果想要得到职位晋升,就得和高层领导拉近关系。

琼:是啊,女人要进入管理层不是那么容易。你得走后门拉关系。

瓦莱丽:你觉得不能单单靠个人实力获得晋升。

琼:嗯,我只是觉得如果能攀上一些大人物,我就能晋升得更快些。不过你知道的,我想我是低估自己的实力了。我以前不相信凭自己的实力能够得到提升。我开始看到这点——我以前有点被框死了。

瓦莱丽:你开始感觉到也许你不再需要"玩这种游戏"了。现在你对自己的实力更有信心了。

琼:是的……我可以告诉你——我的下一份工作,将是全新的开始。真纳闷为什么以前没想到这些。谢谢你,听我说了这么多。

有效运用积极倾听的指导方针

很多人反映,积极倾听是最难运用的技巧。尽管有些人天生是富有同理心的倾听者,但是对大多数人而言,需要相当多的练习才能自如地运用积极倾听。同时，积极倾听对于你和别人来说，可能看起来都会有些不自然。

并且，当你试着使用积极倾听时，人们有时会做出消极反应，比如恼羞成怒，感到自己被利用，或者感到有人对自己做了手脚。他们觉得自己处于一种劣势，自己被"诊断"或"治疗"。以下是他们的一些消极反应：

"别对我来这套！"

"为什么你用这种方式说话？"

"你别光听我说，我只是想要一个解决问题的答案。"

"听起来太虚伪了！"

"噢，你发现了另一套用在我们身上的伎俩！"

"那就是我刚告诉你的！我不需要你重复我说过的话！"

这些抗议经常意味着积极倾听被误用了。积极倾听不是一种"技巧"，不是每当别人说什么就得派上用场。以下是一些如何最佳使用积极倾听的指导方针：

只有当你发现对方存在困扰，并且对方也愿意谈论时，才使用积极倾听。当人们没有任何困扰地论天气、时事、工作、休假

第十二章
帮助身处困扰中的他人

计划时,没有必要使用积极倾听。

只有当你有时间而且心情好时,才能使用积极倾听去协助他人。如果你感到心烦意乱或没什么耐心(或被你自己的问题所困扰),你做不到真正的接纳和共情。

充分使用基本倾听技巧(专注、沉默、认可和门把手)。并非别人的每句话都需要一个积极倾听的反馈。积极倾听主要是用在对方的感受强烈时,以及需要和对方确认自己的理解是否正确。

有时你可以向对方提供一些他/她需要的信息。但是首先要确认,你已经通过足够长的倾听明白真正问题所在,以及对方确实需要你提供信息。

做好心理准备,你所提出的建议可能会遭到对方的驳斥,这些建议可能是不恰当或没有帮助的。

不要将积极倾听强加于人。请随时留意对方的态度和暗示,对方可能不想再继续谈论自己的困扰,或已经谈论完了。

不要以操控的方式使用积极倾听——比如企图从中获得一些信息,过后用来攻击对方。

不要使用积极倾听来避免自我敞开。

不要使用积极倾听来避免冲突。

不要千篇一律地用这样的句式"听起来你……"和"我听你说……"作为积极倾听的开头语。如果你这么做,别人会感到这些话听起来很僵化,甚至带有操控性。

绽放最好的自己
—— 如何活成你想要的样子

不要利用积极倾听来显示自己是一个多么高明的倾听者。

不要期待对方最终会采用你头脑中已经想好的解决办法。积极倾听帮助人们找到他们自己的独特解决方案。

不要指望别人一定要找到一个解决办法。可能在相当一段时间内，不会有什么办法能解决问题，而且有时别人可能不会告诉你问题最终如何解决。

积极倾听的常见错误

人们在进行积极倾听时会犯重复性错误，我们通常发现他们要么没法与对方的感受联结，要么没法让自己的感受独立于倾听之外。

下面的例子是一些最常见的错误，说明积极倾听如何偏离目标。比如你的同事对你说：

我希望萨丽不要在办公室里说闲话。这样会给她带来麻烦的。

你给同事的反馈	所犯错误
你鄙视萨丽	高估：夸大了情绪水平

第十二章
帮助身处困扰中的他人

（续表）

你给同事的反馈	所犯错误
你不喜欢萨丽说的话	低估：冲淡了情绪强度
你希望她从你的生活中消失	增添：将对方信息扩大化
萨丽让你心烦	省略：遗漏或跳过相关事实
你在计划报复她	超前：臆断对方下一步想法
你以前说过萨丽和你一直彼此冷脸相对	滞后：追溯以往或没有跟上，与对方所说不同步
你对别人在背后说你有点过分猜疑了	分析：解释背后的动机
你希望萨丽不要在办公室说别人的闲话，这样会给她带来麻烦的	鹦鹉学舌：一字不差地重复

不难发现你在什么时候犯了上述错误，因为一旦对方认为你的反馈不正确时，会直接告诉你。

尽管积极倾听是一种技巧，一种需要学习的技能，请记住它的主旨是作为一个媒介，传达你对他人的接纳、同理心和理解。你的态度越是接纳，积极倾听越不会看上去像是一种套路或技巧。

第十四章
CHAPTER 14

制订个人效能计划

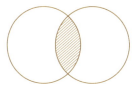

第十四章
制订个人效能计划

> 探索会带来回响。关于自我的,或者关于自己和他人关系的一个新的想法,可以撼动一个人所有其他的想法,甚至那些看上去相关的观念。无论这种影响多么轻微,都会改变一个人整体的发展方向。影响环环相扣,在某个地方,就改变了一个人的行为。
>
> ——帕特里夏·麦克劳林(Patricia McLaughlin)

掌控自己的生活、为自己的需求负责,最关键的一步是计划。计划是富有自我导向性的自由个体进行的活动,意味着你可以以一种不受限制的方式思考和行为,不是因为外界的压力,而是你自己决定你将如何采取行动。当你制订计划并执行时,等于你在说:"在所有我能获得的选择、方案、方向和机会中,我特地选择了最能反映我需求、价值观和目标的计划。在做选择时,我将为我的决定负责,为这个决定可能对我个人和他人带来的影响负责。"

计划对一些人来说,意味着限制。他们把计划等同于刻板,或是被"锁定"。不做计划的人常常认为自己精神自由,他们不理会任何关于预先制订计划的建议。当然,另一种情况是过度计划——试图控制每个细节,不给自发行为和突发事件预留任何空间。但是,计划并不非得是僵硬和强迫性的。计划应该是一次自由自在的体验:你可以根据你自己的需求和价值观,来支配你的时间,

绽放最好的自己
—— 如何活成你想要的样子

塑造你的生活，而无须等待机遇的怜悯或去执行别人的计划。

我们每个人都在做许多计划，不管我们是否意识到这点。如果我们没有计划，生活将混乱不堪。说"我从不计划"或"我讨厌做计划"的人也许会发现，如果去分析自己如何度过一天，他们仍然至少试图让自己的活动按秩序进行。

不过，有多少人对自己制订计划并成功实施计划的能力充满信心呢？当我们看到"最好的计划"常常不奏效，我们可能会怀疑是否有必要进行安排、组织、计划，不如让事情听之任之，或许会更加省事呢。但是，当事情并没有达到我们希望的效果，通常并非出于宿命或不利的外界环境，而是由于计划不当造成的。有效计划，与有效沟通、有效解决问题一样，是分成好几个步骤进行的过程，需要思考、技巧、练习的参与。

希望计划能给你机会去拓展自己、让自己成长，从而让自己的潜能发挥得更加彻底和全面。心理学家亚伯拉罕·马斯洛把这种不断自我完善的行为方式称为"自我实现"，并且发现它存在于一些健康的、成功的人身上，他们能让自己的大多数需求获得满足，并在各个需求层次上得到满足。

马斯洛需求金字塔

马斯洛发现人们有五个层次的需求，如果缺少其中任何一种，他们的个人成长和发展会受到限制。他把需求层次分成五个等级，从最基本的到最复杂的排列如下：

第一层：生存需求

像食物、温暖、住所这样的基本需求，是人类作为一种生物生存下去所需要的。如果我们的这些需求没有得到满足，我们会被驱使着要首先去满足这些需求，而对其他东西毫无兴趣。

第二层：安全需求

当生存的需求获得保证后，我们将开始关注安全的需求。我们需要免于身体危险和心理烦恼，需要能身处安全的地方，在没有被惩罚或被嘲笑的恐惧之下表达我们自己。当我们生活在恐惧之中时，我们的能量集中在如何保护自己上，很难去成就自己。

第三层：社交或关系需求

我们都需要和他人发展人际关系。在这个需求层次上，我们需要有归属感——归属于家庭、团体、社会。我们需要亲密感、被接纳、被理解，以及给予爱和接受爱的能力。如果这一层次的需求没有得到满足，我们经常会感到疏离感、无聊、了无生趣、孤单和寂寞。

第四层：成就和成功需求

现在，另一类需求出现了——对生产和创造的需求，以及对成就感的追求。这类需求对我们的自我价值感来说非常重要，当我们给自己树立一个目标并成功达成时，这种需求得到满足。如果这种需求没有得到满足,我们的自尊会受到打击,我们也会对自身的能力产生怀疑。

第五层:自我实现需求

当人们成功实现了从第一层到第四层的需求后,他们开始追求自我实现或自我满足。根据马斯洛的理论,自我实现的人生活体验更加丰富,对生命的存在感、圆满感、整体感有更深刻的觉察,对喜悦、和谐和理解的感受有突破性时刻。马斯洛称为"巅峰体验"。

作为设立目标的第一步,我们建议你用需求层次作为识别自己一些重要需求的方式。

短期和长期目标

当你考虑发展一些目标来满足自己的需求时,分为短期目标和长期目标会很有帮助。

短期目标是指能够在30天以内完成的目标,比如减掉几斤体重,准备一个演讲,重新装修起居室,找一份兼职工作。长期目标则需要超过30天以上的时间来完成,比如让自己获得工作晋升,攻读硕士学位,攒够多的钱买辆新车,写本书。

显然,短期目标比较容易做计划,也比较容易完成。坚持30天的节食计划比坚持30个月的节食计划来得容易。如果目标过于

第十四章
制订个人效能计划

指向长远的未来,会让人无法想象什么时候才能达到,这的确会让人沮丧泄气。因此,长期目标如果分割成若干个短期目标,可执行性会更强些,你也能在这个过程中看到自己的点滴进步。

六步计划

制订个人效能的计划遵循以下六个基本步骤,和我们之前在第五章介绍的问题解决六个步骤是一样的。

步骤1:设立能够满足你需求或渴望的目标

先仔细分析你花多少时间在自己当前的需求和渴望上,之后,你就可以开始设立一些目标了。这一步在计划中是最重要(也是最耗时)的。

确保你的目标准确反映了你目前的需求。过去你打发时间的方式可能不再让你满意或带来充实感,甚至已经过时或行不通。当你的生活境遇发生变化,无论是细微的(你在职场上获得晋升)还是剧烈的(你是一位家庭主妇,最小的孩子准备离开家庭;或者你即将退休),你可能需要对自己的想法和计划进行重大调整。

确保你的目标准确反映了你想去做的,而不是你觉得自己应该去做的,或者别人想让你做的。许多人活得不开心,他们做着自己不喜欢的工作,参加不喜欢的活动,因为他们想顺应社会期待,或者为了满足别人(通常是父母的愿望)。

绽放最好的自己
—— 如何活成你想要的样子

女性经常选择妻子、母亲、护士、教师这些角色或职业，因为传统上女性就从事这些角色或职业。许多男性和女性选择了不适合自己甚至自己不喜欢的职业，只是为了满足谋生的需求。一些男性经常迫于压力，选择和自己父亲相同的职业，或者继承家族产业。当人到中年进行职业转型时，一个常见的原因是："一直以来我都在追随父亲（或母亲）的脚步。现在我要为自己做些什么了。"

确保你的目标是现实的。通常，满意和不满意之间的区别，取决于个人设立现实目标的能力。"现实"意味着目标既真实反映个人的内在需求，也在个人的能力范围之内。例如，在你35岁的时候，决定成为一名钢琴师或网球联赛选手，这就不是一个现实的目标。但是，如果你决定重返学校攻读文学硕士学位，这个目标完全可以实现。设立一个现实的目标，不仅要考虑到个人的雄心壮志，还要兼顾到个人的局限性。

在为你自己设立目标时，一般来说，长期目标更多的是满足一些高层次的需求。建立有效的社会关系和获得创造性成就，通常需要投入足够多的时间；而大多数生理和安全的需求则能够在较短的时间内获得满足。而且，短期目标经常与个人自由区间内的需求有关，常常不需要与他人合作（对大多数长期目标来说，合作通常是必要的）。

我们建议你运用马斯洛的需求层次，来识别满足你自己需求的目标。如果你的一些目标处于层级一或层级二，并且这些目标不会给你提供朝着自我实现迈进的机会，它们也许不会给你带来太多个人充实感。较多地选择低层级的目标，可能意味着你低估自己，或者试图避免失败。你宁可降低自己的愿望确保能达到目标，而不愿意为了一个更高的目标去冒险。

但是，除非你愿意冒险，努力去尝试你真正需要和想要做的事，否则你永远不会知道自己的潜力有多大，等于没给自己有机会去追求更高层次的成就感和满足感，去追求自我实现的体验。

假设你发现自己有没有满足的需求，因此感到厌烦不安，以及隐隐的不满足感。你觉得自己需要更多精神层面的刺激，需要更多智性的发展。我们可以用这个未满足的需求作为例子，来进行接下来的几个步骤。

步骤2：搜集想法

这是一个头脑风暴的阶段，你罗列出尽可能多的想法、选择，以及有助于达成目标的资源。发挥你的创造力和想象力！在这一刻，不要排斥那些看上去"异想天开"的想法。请教那些可能帮到你的人。借鉴你自己的经验，借鉴那些愿意和你分享他们想法和学识的人的经验。记录下脑子里产生的每一个想法，记录下别人所提供的每一条建议。

为了满足你对增加精神层面刺激的需求，你的列表可能会包括以下选择：

阅读更多有趣的书。

学习大学的课程。

参加讲座和辩论。

邀请有趣的人到你所在的教堂或俱乐部进行演讲。

围绕一个特定的主题进行独立研究。

组织一帮朋友每月举行一次读书会。

从其他人那里了解让他们感到兴奋的事。

收看有趣的、有争议性的电视节目。

参加一个特定的组织,比如政治的、宗教的,等等。

与家人开展有趣的辩论或讨论。

组织同事们午餐或下班后聚会。

订阅有趣的杂志和期刊。

步骤3:评估想法

当所有的想法被收集起来并进行分类后,可以开始去掉那些因为某种原因而行不通的想法。分析、比较、对比剩下的每一个想法,直到其中一个想法(或是一个综合起来的想法)符合你的现实情况。

评估每一种可能的选择,想出可能的解决方案。比如:

第十四章
制订个人效能计划

选修一门大学的课程(家附近刚好有所大学,你只需交较低学费上成人教育项目)。

组织朋友们每月聚会一次,讨论有趣的主题。

向图书馆借有趣的书。

在这一阶段,可以和你的配偶、孩子们讨论你的计划。考虑你的计划会给他们带来什么影响,比如,你去学校上课的时间安排、在家里组织朋友聚会等,可能会给他们带来什么困扰。

步骤4:计划开展行动

在这一阶段,你准备开展行动。你决定制订下列计划:

报名参加学校下学期的课程。

打电话给亲朋好友,成立一个讨论小组。

每月去两次图书馆,至少借一本有趣的书。

步骤5:开展行动

现在,你采取计划实施的必要步骤,开始行动:

查看时间安排,选择一门有趣的课程,到学校报名。

开始给朋友打电话，让他们对讨论小组感兴趣，安排第一次聚会的时间。

从图书馆借了第一本书。

步骤6：评估成果

你在朝着目标前进的过程中，必须确保你所执行的每一步都根据你最初的计划来进行，这一点非常重要。如果缺少这样的评估，就会增加偏离最初计划的风险。在你达到目标的过程中，不可避免会遇到令人泄气的时刻。有时候你会分心，注意力没法一直在计划上。困难和延误可能不可避免——比如家人生病，或者某个私人问题需要优先处理。或者你可能了解到一些新的信息，让你重新思考计划中的某些部分。

在你开始执行计划后不久，就要对你的计划进行评估，并且不时地确保计划是否符合你希望增加精神层面刺激的这一需求。如果没有满足你的需求，就得考虑其他的选择。你也许会发现正在做的这三件事，所花的时间要比你预想的多得多，你可能会考虑去掉其中一件不去做。

如果遇到不可避免的延误情况，只需简单地重新计划，并和之前一样继续下去。一个深思熟虑的计划应该有足够的弹性，以适应必要的时间安排变动。指导原则是：尽可能按照你之前的时间安排进行，如果达成目标对你来说确实非常重要，不要因为你需要改变日程而放弃你的计划。

第十四章
制订个人效能计划

　　如果计划中的某一部分经过实践后证明是行不通的，以上原则同样适用。当这种情况发生时，有些人就失去对整个计划的信心，并且认为目标达不到了。麻烦可能只是出在某个部分上，不会影响到全局。一个或几个部分的计划可能需要重新来制订。你可能需要退回到之前某个步骤。

　　制订个人效能计划需要付出时间、思考、耐心和毅力。但是，当你为自己的生活承担起责任，通过自己的执着努力最终实现目标，使你的重要需求得到满足时，所获得的回报将相当可观。

> # 附录 1

人际关系信条

当你成为自己生活的主人时,你可以以一种清晰的脉络,回顾过去或展望未来,因为你的生活是你自己的创造,而这一切的基础是,你对自己有了坚定的认识和感觉。以下的人际关系信条送给你,作为你发展自己、开创人际关系的人生哲学:

我非常珍视你和我的关系,但我们是彼此独立的个体,有着不同的需求和价值观。

因此,我们需要更好地理解彼此的需求和价值观,让我们在沟通中永远保持开放和坦诚。

当你的某些行为影响我实现自己的需求时,我会坦诚地、不带指责地告诉你,我受到了怎样的影响,给予你机会去调整你的行为,这种调整是基于对我的需求的尊重。如果我的行为对你来说不可接纳,我也希望你能坦诚地告诉我。

当我们的关系中出现冲突时,让我们共同协商处理,不使用权力手段,不以牺牲任何一方作为代价。我们应该始终寻求一个满足双方需求的解决方案——没有输方，彼此双赢。

当你在生活中遇到困扰时，我会努力带着接纳和理解去倾听，帮助你找到你自己的解决方案，而不是把我的想法强加给你。当我遇到困扰的时候，我也希望你能够倾听我。

因为我们拥有这样一种关系，容许我们能成为自己，我们会希望一直与对方保持联结——带着对彼此的关心、体贴和尊重。

托马斯·戈登博士

附录 2

基础性放松练习

这是肌肉深度放松和深呼吸的简化版练习。完成所有 11 个步骤大概要花 10 分钟。

你可以坐在椅子上或平躺在地上。在家里，穿上宽松舒适的衣服，脱掉鞋子，选择一个没有外界干扰的场所。慢慢地进行练习。让自己体验感觉到的一切。体会你的身体如何感受，如何做出动作。在掌握一些让身体放松的技能后，你可能想要在不那么舒适的环境下继续练习，比如坐着或站着练习，这样可以模拟你体验到焦虑的真实环境。

1. 准备（1 分钟）。

平躺在地上，放松你的手脚，掌心朝上，轻轻转动脚踝，头慢慢侧向一边，感觉整个身体沉入地面，闭上眼睛，全身放松。

2. 深呼吸（2 分钟）。

开始第一个深呼吸，让空气充满腹部，然后让空气流动到胸腔，之后是喉部和鼻腔；保持大约 5 秒钟，然后让气体首先从腹部出来，之后清空你的胸腔、喉部和鼻腔；感受一下自己是多么放松；开始第二个深呼吸，缓慢地呼气、吸气；然后开始第三个深呼吸；感受全身舒适放松的感觉。

3. 收紧脚趾（1分钟）。

尽量朝着地面的方向弯曲脚趾，保持这种紧张状态10秒钟；然后松开脚趾、放松，缓慢地呼气、吸气；现在，将脚趾尽量张开，向上向外伸展，保持这种紧张状态10秒钟；松开脚趾，感受脚部舒适温暖的感觉。

4. 收紧腿部（30秒）。

突然收紧双腿的肌肉，保持这种紧张状态10秒钟；松开，完全放松双腿；感觉让双腿沉入地面，继续缓慢地深呼吸5秒钟。

5. 收紧臀部（30秒）。

收紧臀部肌肉，保持大约5秒钟；松开，感觉让你的身体沉入地面，缓慢地深呼吸并放松。

6. 收紧腹部（30秒）。

收紧腹部肌肉，挤出那里可能有的紧张感，保持大约10秒钟；松开，感受温暖和放松的感觉。

7. 收紧双臂和肩部（30秒）。

高高耸起肩膀，紧握双拳，夹紧双臂，保持大约10秒钟；突然间松开，感觉身体重新沉入地面，感受放松和舒适。

8. 收紧全身（1分钟）。

现在，收紧全身每一块的肌肉，紧皱眉头，保持大约10秒钟；突然间松开，感觉身体深深地沉入地面，让全身自由松软、放松下来，静静地躺一会儿。

9. 把注意力集中在"第三只眼"（30秒）。

现在，让你的头部轻轻侧向一边，下巴放松，嘴唇放松；闭上眼睛，将注意力集中在两眼间的区域，让眼睛找到并看到这个区域，即"第三只眼"，聚焦于此；缓慢地深呼吸，放松，让你所有的注意力、思想和感觉都集中在"第三只眼"，整个人沉浸在这个空间里，专注于此。

10. 想象自己置身于一个美丽的地方（2分钟）。

在你的"第三只眼"那里，你开始看到曾经渴望见到的最美丽风景；让画面逐渐变得清晰起来，花点时间，用大约10秒钟的时间聚焦于此；现在看到你自己置身于美丽的风景当中，就在那里，体验着在那里的美好感觉，感受全身心的放松和舒适，静静地待在那美丽的风景中；用60秒左右的时间，缓慢地进行深呼吸。

11. 结束（60秒）。

现在让你脑海中的美丽风景慢慢隐去（15秒）；睁开双眼，慢慢坐起来，结束放松练习。

致 谢

我想感谢以下这些人对本书所做的贡献：

感谢 Elinor Lenz，在 E.T.W.（女性效能训练）那本书的开始阶段和我共同合作。

感谢我的朋友和同事 Kathleen Cornelius，她为 E.T.W.（女性效能训练）课程的最初发展做出了贡献，目前她很擅长培训效能课程的讲师们。

感谢效能训练的讲师们，无论男讲师还是女讲师，在课程教学和带领上都很成功。

感谢所有参加过戈登培训课程的人们，还有那些真诚而激动地跟我分享他们如何将课程所学用于生活中的人们。

感谢 Priscilla LaVoie，Nancy Elkins，Nancy Montgomery White，Diane Kraus，Stephanie Austin，Stephanie Stratmann 所做的文书工作。

感谢 Peter Wyden，为编辑 E.T.W.（女性效能训练）的书付出了很多。

感谢我的丈夫托马斯·戈登,他编辑了 E.T.W.(女性效能训练)的一部分章节,但更重要的是,他在过去二十年中为我思考平等的人际关系提供了很大的帮助。我也十分感激他对我如此信任,以及一直以来对我的支持。

感谢我的女儿 Michelle,她真诚、风趣、公平无私、包容,给我的生活提供了非常大的帮助。

感谢 Simone de Beauvior, Kate Millett, Jean Baker Miller, Mary Daly, Marilyn French 等,你们带着勇气和洞察力写了有关女性的书,让我感到备受鼓舞和激励。

琳达·亚当斯

各章引文出处

第一章	犹太法典《塔木德》（Babylonian Talmud）
第二章	拉·封丹（La Fontaine），《寓言》
第三章	维尔拉·斯波琳（Viola Spolin），引自《斯波琳的即兴表演风格》（Barry Hyams 采写），《洛杉矶时报》（1978年5月26日）
第四章	马丁·布伯（Martin Buber），《人与人之间》
第五章	西德尼·吉尔拉迪（Sidney Jourard），《透明的自我》
第六章	伊拉斯谟（Erasmus），《名言集》
第七章	乔伊斯·布拉德斯（Joyce Brothers），引自《当你丈夫的感情变冷》，《好管家》（1972年五月刊）； 夏洛特·皮恩特（Charlotte Painter），《启示录：女人日记》（与 Mary Jane Moffat 合著）

(续表)

第八章	罗洛·梅（Rollo May），《焦虑的意义》
第九章	简·贝克·米勒（Jean Baker Miller），《走向新的女性心理学》
第十章	托马斯·戈登，《父母效能训练》
第十一章	玛格丽特·米德（Margaret Mead），《三个原始部落的性别与气质》
第十二章	塞内加（Seneca），《道德书简》
第十三章	查尔斯吉塔·瓦多斯（Charleszetta Waddles），引自《瓦多斯妈妈：穷人的黑色天使》（Lee Edson 采写，《读者文摘》（1972年10月刊）
第十四章	帕特里夏·麦克劳林（Patricia McLaughlin），引自《美国学者》（1972年秋季刊）

参考文献

Robert, Alberti, Michael Emmons. *Your Perfect Right*（你的天赋权利）.San Luis Obispo, Cal.: Impact, 1970, 1974.

Gordon, Thomas. Parent *Effectiveness Training*（父母效能训练）.New York: Peter H. Wyden, Inc., 1970, 1975.

Johnson, Paula. *Women and Power: Toward a Theory of Effectiveness*（女性和权力：效能理论初探）.Journal of Social Issues. Ann Arbor: The Society for the Psychological Study of Social Issues, 1976.

Jourard, Sidney M. *The Transparent Self*（透明的自我）.New York: D. Van Nostrand Company, 1971.

May, Rollo. *The Meaning of Anxiety*（焦虑的意义）.New York: W. W. Norton & Co., 1977.

Miller, Jean Baker. *Toward a New Psychology of Women*（走向新的女性心理学）.Boston: Beacon Press, 1976.

> **推荐读物**

关于增强自我意识的书籍

Beauvoir, Simone de. *The Second Sex*（第二性）.New York：Alfred A. Knopf, 1952.

Brownmiller, Susan. *Femininity*（女性气质）.New York：Linden Press/Simon & Schuster, 1984.

Dowlin, Colette. *The Cinderella Complex: Women's Hidden Fear of Independence*（灰姑娘情结：女性对独立的潜藏恐惧）.New York：Pocket Books, 1981.

Farrell, Warren. *Why Men Are the Way They Are*（男人何以如此行事）. New York：McGraw-Hill, 1986.

Fisher, Roger , William Ury. *Getting to Yes*（谈判力）.Boston：Houghton Mifflin, 1981.

French, Marilyn. *Beyond Power*（超越权力）.New York：Summit Books, 1985.

Friedan, Betty. *The Feminine Mystique*（女性的奥秘）.New York: Norton, 1963.

Glasser, William. *Take Effective Control of Your Life*（有效掌控你的生活）.New York: Harper & Row, 1984.

Goldberg, Herb. *The Hazards of Being Male*（男性的危机）.New York: New American Library, 1976.

——. *The New Male-Female Relationship*（新型男女关系）.New York: New American Library, 1983.

Kanter, Rosabeth Moss. *Men and Women of the Corporation*（组织中的男性和女性）.New York: Basic Books, 1971.

Lerne, Harriet. *The Dance of Anger: A Woman's Guide to Changing Patterns of Intimate Relationships*（愤怒之舞：改变亲密关系模式的指南）.New York: Harper & Row, 1985.

Miller, Jean Baker. *Toward a New Psychology of Women*（走向新的女性心理学）.Boston: Beacon Press, 1976.

Pleck, Joseph H. and Jack Sawyer. *Men and Masculinity*（男性和男性气概）.Englewood Cliffs, N.J.: Prentice-Hall, 1974.

Pogrebin, Letty Cottin. *Growing Up Free: Raising Your Child in the 80's*（自由成长：在80年代养育你的孩子）.New York: McGraw-Hill, 1980.

Shaevitz, Marjorie Hansen. *The Superwoman Syndrome*（女超

人综合症）.New York：Warner Books，1984.

Tavris，Carol. *The Misunderstood Emotion*（愤怒：被误解的情绪）.New York：Simon & Schuster，1982.

关于自我敞开的书籍

Robert，Alberti，Michael Emmons. *Your Perfect Right*（你的天赋权利）.San Luis Obispo，Cal.: Impact，1970，1974.

Bloom，Lynn，et al. *The New Assertive Woman*（自信新女性.New York：Delacorte Press，1975.

Bower，Sharon，Gordon Bower. *Asserting Yourself*（坚持你的主张）.Reading, Mass.：Addison-Wesley Publishing Co.，1976.

Button，Alan DeWill. *The Authentic Child*（真正的孩子）.New York：Random Press，1969.

Jourard，Sidney M. *The Transparent Self*（透明的自我）.New York：D. Van Nostrand Company，1971.

关于价值观澄清、设立目标、生活规划的书籍

Bowles, Richard. *What Color is Your Parachute*？（你的降落伞是什么颜色？）.Berkeley：Ten Speed Press, 1972.

Hennig, Margaret, Anne Jardim. *The Managerial Woman*（女性管理者）.New York：Anchor Press/Doubleday, 1976.

Jongeward, Dorothy, Dru Scott. *Women as Winners*（女性赢家）.Reading, Mass.：Addison-Wesley Publishing Co., 1976.

Lenz, Elinor, Marjorie H. Shaevitz. *So You Want to Go Back to School*（所以你想重返学校）.New York：McGraw-Hill, 1977.

Maslow, Abraham. *Toward a Psychology of Being*（存在心理学探索）.New York：D. Van Nostrand Company, 1962.

Renesch, John. *Setting Goals*（设立目标）.San Francisco：Context Publications, 1983.

Sheehy, Gail. *Passages*（通道）.New York：E. P. Dutton & Co., 1976.

Simon, Sidney, et al. *Values Clarification*（价值观澄清）.New York：Hart Publishing Co., 1972.

美国的课程信息

如果你有兴趣参加戈登国际培训的课程,请联系:

Gordon Training International

531 Stevens Avenue West

Solana Beach, CA 92075

电话:(800)628-1197

传真:(858)481-8125

E-mail:info@gordontraining.com

或者浏览我们的网站:http://www.gordontraining.com

国内的课程信息

《绽放最好的自己》一书的核心理念源自于戈登沟通模式,由本书作者琳达女士的已故丈夫美国著名人本主义心理学家托马斯·戈登博士创立。基于戈登沟通模式的系列培训课程在国内的代理信息如下。

上海心宁文化传播有限公司

独家代理东区: P.E.T. 父母效能训练

L.E.T. 领导效能训练

联系电话同微信：18717850178

电子邮箱：xinningsh@outlook.com

微信公众号：xinningwenhuash 心宁文化

地址：上海市宜山路 2016 号合川大厦 2 号楼 4 号门 205 室

深圳前海童育汇电子商务股份有限公司

独家代理西区：P.E.T. 父母效能训练

　　　　　　　　T.E.T. 教师效能训练

微信公众号：toyohu

客服热线：028-66000488

官方网站：http://www.toyohu.com

地址：四川省成都市龙腾东路 7-7 号最 IN 菲克城五楼

深圳市道纪文化传播有限公司（安心工作室）

独家代理南区：P.E.T. 父母效能训练

　　　　　　　　T.E.T. 教师效能训练

　　　　　　　　Y.E.T. 青少年效能训练

微信公众号：PETINSOUTHCHINA

联系电话同微信：15813888300

电子邮箱：ling@anxinstudio.cn

地址：深圳市南山区中心路阿里云大厦 T2 栋 3 楼

家成长教育咨询（北京）有限公司

独家代理北区：P.E.T. 父母效能训练

微信公众号：家成长

公司电话：010-58222001 / 13910232022

公司网址：http://www.horigo.com

地址：朝阳区曙光西里甲 1 号北京第三置业 B 座 2002A